李爽教授团队双重预防机制系列成果·十二
陕西地标《煤矿安全风险分级管控和隐患排查治理 双重预防机制建设与运行 规范》(DB 61/T 1914—2024)解读

陕西省煤矿安全双重预防机制建设运行实施指南

陕西省应急管理厅　组织编写
中国矿业大学安全科学与应急管理研究院　执行编写

中国矿业大学出版社
·徐州·

图书在版编目(CIP)数据

陕西省煤矿安全双重预防机制建设运行实施指南/中国矿业大学安全科学与应急管理研究院编. — 徐州：中国矿业大学出版社，2025. 2.— ISBN 978-7-5646-6517-3

Ⅰ. TD7-62

中国国家版本馆 CIP 数据核字第 2024WS4364 号

书　　名　陕西省煤矿安全双重预防机制建设运行实施指南
编　　者　中国矿业大学安全科学与应急管理研究院
责任编辑　张　岩
出版发行　中国矿业大学出版社有限责任公司
（江苏省徐州市解放南路　邮编 221008）
营销热线　(0516)83885370　83884103
出版服务　(0516)83995789　83884920
网　　址　http://www.cumtp.com　**E-mail**:cumtpvip@cumtp.com
印　　刷　徐州中矿大印发科技有限公司
开　　本　787 mm×1092 mm　1/16　**印张** 14.75　**字数** 289 千字
版次印次　2025 年 2 月第 1 版　2025 年 2 月第 1 次印刷
定　　价　59.00 元

《陕西省煤矿安全双重预防机制建设运行实施指南》编审委员会

前　言

一、煤矿建设与运行双重预防机制的意义

党的十八大以来，全国煤炭行业按照习近平总书记的指示，贯彻《中华人民共和国安全生产法》（本书简称《安全生产法》）的要求，将安全生产置于非常重要的位置，行业安全生产形势整体有了巨大的好转。然而需要引起行业警觉的是，近些年煤矿安全生产形势又明显严峻起来，不但事故数量、死亡人数都有所反弹，还出现了一些重大、特别重大事故。如 2023 年 2 月 22 日，内蒙古阿拉善新井煤业有限公司露天煤矿“2·22”特别重大坍塌事故造成 53 人死亡、6 人受伤，这是时隔 6 年全国煤矿再次发生特别重大事故。在陕西省内，2023 年 8 月 21 日，延安延川县新泰煤矿“8·21”重大瓦斯爆炸事故造成 11 人死亡、11 人受伤。这些不断发生的事故反映了一个重要问题，煤矿行业长期过于依靠隐患闭环管理的安全治理模式难以成为安全生产的长效机制。隐患排查的压力更多来自外部，没有形成内生动力，因此当各方高度重视、大力抓安全时，安全生产形势就明显好转，而安全生产形势好转或生产任务压力过大时，企业就可能出现麻痹思想，安全事故就容易反弹。虽然隐患闭环管理模式对我国煤矿安全生产发挥了重要的作用，未来仍然是安全管理的重要手段之一，但为了满足新时代安全生产的需要，无论是政府监管部门还是煤矿，都需要创新安全治理方法，推动安全治理模式向事前预防转型。

什么是适应新时代的面向事前预防型的安全管理方法呢？习近平总书记早在2015年就已经给出了答案。习近平总书记在中共中央政治局常委会第127次会议上明确要求："必须坚决遏制重特大事故频发势头，对易发重特大事故的行业领域采取风险分级管控、隐患排查治理双重预防性工作机制，推动安全生产关口前移。"2021年修改的《安全生产法》将安全风险分级管控和隐患排查治理双重预防机制（以下简称双重预防机制）纳入生产经营单位的法律责任，并从人员职责、制度建设、违法罚则方面都作出了系统性的规定，将双重预防机制视为企业安全生产制度的核心。

显然，无论是从满足《安全生产法》的要求，还是从提升煤矿安全治理能力而言，全省煤矿都应该重视、建好、用好双重预防机制，将其作为企业安全管理制度、流程等的核心。

二、煤矿双重预防机制建设与运行的问题

虽然当前双重预防机制建设取得了巨大的效果，但不可否认仍然存在诸多问题。2023年12月26日第十四届全国人民代表大会常务委员会第七次会议发布了《关于检查〈中华人民共和国安全生产法〉实施情况的报告》，认为双重预防机制有三方面的问题，安全生产治理模式还没有完全实现向事前预防转变：

第一，企业对双重预防机制认识不到位，缺乏建立机制的主动性；

第二，风险分级管控制度质量不高，好看不好用；

第三，风险分级管控和隐患排查治理衔接不够。

该报告面向所有行业，煤矿也不例外，具体到陕西省又有其特殊性的问题。从整体而言，陕西省煤炭产量巨大，但煤炭存储的区域分布较广，各矿区地质条件、煤矿规模、技术和管理水平差异非常大。体现在双重预防机制建设上，既有一些条件好、管理规范、智能化建设领先的煤矿，其双重预防机制已经和智能矿山建设融合，不但体现了双重预防的

思路，而且还在与人工智能等技术结合时凸显了自身的个性化特点，也有一些对双重预防机制认识不足、建设以内业为主要目标的煤矿，虽然安装了双重预防信息系统，但信息系统本身逻辑与双重预防机制内涵不符，风险与隐患“两张皮”问题明显。

在这样一个各矿情况差异显著的情况下开展双重预防机制建设，其首要前提就是统一、规范各部门、机构对煤矿双重预防机制的理解，否则各企业只能依据自身对《煤矿安全生产标准化管理体系基本要求及评分方法（试行）》中“安全风险分级管控”和“事故隐患排查治理”两要素要求的理解，开展相关建设和运行工作。从全省角度而言，虽然煤矿在双重预防机制建设与运行上已经开展了大量的工作，积累了丰富的成果，但由于煤矿安全生产标准化管理体系中对“安全风险分级管控”和“事故隐患排查治理”两要素的要求相对简单，在操作层面还需要细化，导致各个企业对一些制度、流程、内业材料，甚至概念内涵的理解存在分歧。这种缺乏可落地标准的情况极大影响了全省煤矿双重预防机制的建设与运行，不但影响了企业安全管理水平的提升，也给政府安全监管、专家现场检查等带来了困扰。

在这种情况下，制定符合陕西省煤矿安全生产、管理特点的煤矿双重预防机制建设与运行规范，已经成为深化陕西省煤矿双重预防机制建设、构建面向事前预防的安全治理模式的重要任务之一。

三、《规范》的编制过程与特点

为确保《煤矿安全风险分级管控和隐患排查治理 双重预防机制建设与运行 规范》（本书中简称《规范》）的科学性、先进性和可操作性，2022年8月15日，陕西社科联下发了陕西省应急管理科技创新课题研究项目“企业双重预防机制建设运行规范和监管方法研究”，对包括煤矿在内的多个行业双重预防机制建设规范进行研究。随后在该项目研究基础上，陕西省应急管理厅牵头，中国矿业大学安全科学与应急管理研究院、陕西煤业股份有限公司等单位参与了2023年陕西省地方标准制修订项目"煤矿安全风险分级管控和隐患排查治理 双重预防机制建设与运行 规范"(SDBXM286—2023)的工作。

陕西省应急管理厅牵头在全省范围内对该项工作开展了多次调研和征求意见工作。2023年12月，陕西省安全生产委员会办公室下发《关于征求〈煤矿安全风险分级管控和隐患排查治理 双重预防机制建设与运行 规范〉意见的函》，向国家矿山安全监察局陕西局、陕西省各市(区)安全监管部门和部分企业再次书面征求意见，并对收集到的意见进行逐条讨论，最终形成了发布稿。

《规范》既兼容《煤矿安全生产标准化管理体系基本要求及评分方法(试行)》中对"安全风险分级管控"和"隐患排查治理"两个要素的要求，又纳入近年来煤矿双重预防机制建设和运行积累的经验，还体现了双重预防机制的最新发展以及政府监管部门的新要求。也就是说，按照《规范》开展双重预防机制建设、运行，完全能够满足煤矿安全生产标准化管理体系的相关要求，而且更加具有可操作性。正如《规范》引言中所述，《规范》的特点主要体现在六个方面：

(1) 强化重大风险管控。明确了重大风险直接认定方法，细化了重大风险认定情形，既突出了煤矿管控的重点，也简化了基层的工作。同时提出每月安全风险综合研判的要求，根据研判结果进行针对性安排部署和检查整治，要求定期开展风险管控效果分析，不断完善年度风险辨识评估结果，确保安全风险和隐患的日常运行PDCA循环。

(2) 重视不安全行为和危险作业管控。将生产过程中最重要的人的因素纳入风险管控，丰富拓展了安全风险的内容。将危险作业风险辨识纳入年度辨识范围，与不安全行为治理形成完整逻辑链条，加强对员工作业过程的风险研判，丰富了安全风险管控的范围。

(3) 区分了初始风险和动态风险，找到了信息化与智能化于风险管理的切入点，突破了智能化与安全双重预防机制有机衔接的瓶颈，促进了风险管控向智能化发展。

(4) 将基层单位对一般隐患分级管理的成熟经验纳入了《规范》，规范并统一了陕西省对一般隐患的分级标准。

(5) 重视安全主体责任落实，在重大风险管理清单的基础上，对部门、岗位提出了制定安全风险清单的要求，补充了全员安全生产责任制。

(6) 体现信息化实践和智能化新发展的要求。在全省煤矿近年来安全双重预防机制信息化建设和实践经验基础上，细化了对信息系统功能的要求，提出了更新维护和考核的要求，根据全省煤矿智能化建设快速推进的实际，提出了智能化安全双重预防机制建设的基本要求。

《规范》以PDCA逻辑框架为基础，增加了保障和考核要素，形成了具有陕西特色的PDCA模型，能够有效指导煤矿建设逻辑科学、实施简便、运行稳定、效果持续的安全双重预防机制。

四、本指南编写的目的与特点

为了使煤矿更好理解《规范》的各项要求，知道如何将《规范》的要求落实到企业双重预防机制建设和运行工作中，经过陕西省应急管理厅讨论，组织参与《规范》编写的部分专家编写了本书。

本书介绍了煤矿双重预防机制建设情况，并对《规范》的内容予以详细解读，进而以煤矿落实《规范》的逻辑顺序，依次对双重预防机制建设概述、双重预防机制建设准备、煤矿安全风险分级管控与数据库建设、煤矿隐患排查治理与数据采集、煤矿安全双重预防机制考核与持续改进和煤矿安全双重预防机制信息化建设运行与联网工作进行了详细说明。在最后，本书对煤矿双重预防机制建设的深化指明了方向发展，引导在安全生产方面有更高要求的企业建设具有自身特色的、面向事前的安全治理模式。

本书的特点体现在三个方面：

(1) 内容完整,涉及双重预防机制建设的全过程。

本书不但对当前双重预防机制建设运行情况予以介绍,还在说明最新《规范》的基础上,详细说明双重预防机制建设、运行工作,并指明了发展方向。内容覆盖了过去、当前以及未来该如何提升等各个方面。

(2) 体现双重预防机制建设的最新成果。

双重预防机制的研究、实践和政府要求都是随着时间而逐渐深化的,《规范》既反映了陕西省对煤矿的最新要求,也是本书的基础。

(3) 介绍更加全面详细,便于企业理解和操作。

为使负责双重预防机制的部门和人员更好开展工作,在企业双重预防机制建设与运行工作说明部分,本书按照工作目的、工作主要内容、工作组织部门与人员、工作参与部门与人员、工作流程、工作常见问题、工作成果和案例的体例,对各项主要工作都进行了全方面的说明。

本书的撰写过程得到了陕西省应急管理厅的指导,中国矿业大学安全科学与应急管理研究院、陕西煤业股份有限公司和江苏中矿安华科技发展有限公司为本书提供了大量的支持,在此对各方表示诚挚的谢意。

安全生产是煤矿高质量发展的关键之一,无论企业当前的安全生产处于什么水平,都应总结既往经验,吸收最新研究成果和优秀案例,不断改进、提升,推动安全风险管控向智能化转型,推动安全治理模式向事前预防转型。我们欢迎陕西省从事安全生产监管、管理、研究的各位专家、同仁加入我们,提出宝贵意见,大家相互学习、相互促进,共同推进全省煤矿安全保障能力的提升,为陕西省经济社会高质量发展贡献一份力量。

编　者

2024 年 5 月

目　录

1 煤矿安全双重预防机制建设与运行的要求

安全生产对于经济社会发展具有极其重要的意义。党的十八大以来，国家对安全生产的重视程度不断提高，将“发展决不能以牺牲安全为代价”定为一条不可逾越的红线。虽然十余年来我国安全生产总体情况不断好转，然而由于各方面的原因，重特大事故仍时有发生。2015 年 12 月，习近平总书记在中共中央政治局常委会上发表重要讲话，强调“对易发重特大事故的行业领域采取风险分级管控、隐患排查治理双重预防性工作机制，推动安全生产关口前移”。这是安全风险分级管控和隐患排查治理双重预防工作机制（以下简称“双重预防机制”）第一次被正式提出，以解决安全风险“认不清、想不到、管不到”的问题，成为具有中国特色的安全管理思想与方法。

1.1 国家对煤矿安全双重预防机制建设的要求

双重预防机制是由安全风险分级管控和隐患排查治理两部分有机融合的一个完整机制，它是通过风险辨识评估提前掌握生产过程中存在的风险，夯实各层级管控责任，并通过隐患排查治理确保风险处于受控状态的一种主动安全管理机制。双重预防机制既体现了安全管理以安全风险管控为核心的发展方向，又通过隐患排查治理很好继承了我国企业长期以来的安全管理实践经验，且将两者有机结合成一个完整的整体，从理论和实践两方面给出了以新安全格局保障新发展格局的有效方法。对易发重特大事故行业领域，采取风险分级管控、隐患排查治理双重预防性工作机制，可以推动安全生产关口前移，加强应急救援工作，最大限度减少人员伤亡和财产损失。

建设安全双重预防机制是党中央、国务院从全局出发对安全生产领域作出的重要部署。习近平总书记提出双重预防机制要求后，国务院安委会、各省级安委会、各行业管理机构、安全监管部门都快速跟进，先后印发文件，将双重预防机制置于非常重要的位置。2016年《中共中央 国务院关于推进安全生产领域改革发展的意见》对各个行业的双重预防机制建设提出了要求。

煤矿双重预防机制建设走在全国前列，主要是因为安全生产标准化的推动。2017年，《煤矿安全生产标准化基本要求及评分方法（试行）》为落实各安全质量专业的落地，引入了“安全风险分级管控”和“事故隐患排查治理”两个专业替代了原来的“安全管理”专业，将双重预防机制视为安全管理的关键。到2020年，安全生产标准化升级为管理体系，而双重预防机制成为整个管理体系的核心，极大提升了双重预防的重要性，使其成为全国煤矿安全管理的核心理论和方法。

2021年9月1日，《中华人民共和国安全生产法》的最新修改版本（后文简称《新安法》）正式施行，其中更是对双重预防机制建设提出了系统性、强制性的要求，从此构建双重预防机制成为生产经营单位必须履行的法律责任。《新安法》第四条明确规定，生产经营单位必须构建安全风险分级管控和隐患排查治理双重预防机制，健全风险防范化解机制，提高安全生产水平，确保安全生产，而且第二十一条、四十一条、一百零一条分别对人员职责、制度建设、相应处罚都作出了明确规定，并将双重预防机制作为企业安全生产制度的核心。

2022年4月，《“十四五”国家安全生产规划》发布，要求引导企业健全安全双重预防机制建设，开展安全双重预防机制信息化建设。引导企业完善安全生产管理体系，健全安全风险分级管控和隐患排查治理双重预防工作机制，构建自我约束、持续改进的安全生产内生机制；在安全双重预防信息化建设方面，要求引导高危行业领域企业开展基于信息化的安全风险分级管控和隐患排查治理安全双重预防机制建设。2022年7月，《“十四五”国家矿山安全生产规划》也将双重预防置于非常重要的位置，在基本原则、企业的主体责任以及矿山安全管理水平的要求中，都明确提到建立、运行双重预防机制。《“十四五”国家矿山安全生产规划》不仅对企业提出了全面推进建设双重预防机制的要求,而且对监管部门也提出了明确要求,同时在矿山安全信息化建设中提出要进行双重预防信息化。

2023 年 9 月,《中共中央办公厅 国务院办公厅 关于进一步加强矿山安全生产工作的意见》下发。这是中华人民共和国成立以来第一个经党中央、国务院同意印发的矿山安全生产领域的纲领性文件,充分体现了以习近平同志为核心的党中央对矿山安全生产工作的高度重视,是新体制新机制下做好矿山安全生产工作的基本遵循,具有重大现实意义和深远历史意义。其中防范化解重大安全风险的要求中,第一项就是健全矿山安全管理体系,并明确指出矿山企业应当健全以安全风险分级管控和隐患排查治理双重预防机制为核心的安全生产标准化管理体系。严格开展风险辨识评估并实施分级管控,定期开展全员全覆盖隐患排查治理,建立风险隐患台账清单,实行闭环管理。

2024 年 1 月,《煤矿安全生产条例》(国务院令第 774 号)公布,再次强调了《新安法》的要求,明确煤矿企业应当履行安全生产主体责任,加强安全生产管理,建立健全并落实全员安全生产责任制和安全生产规章制度,构建安全风险分级管控和隐患排查治理双重预防机制,健全风险防范化解机制。

综合来看,自从双重预防机制提出以后,就受到了各级政府、安全监管监察部门的重视,成为政府、监管部门、企业共同的建设责任。作为典型的涉危行业,从政治站位、合法依规生产角度,所有煤矿都应该重视双重预防机制建设、运行,将其作为本企业完善安全生产责任制、有效管控安全风险、提高隐患排查治理质量的有力抓手。

1.2 双重预防机制对煤矿安全管理的作用

建设、运行双重预防机制不只是因为要满足政府和监管部门的要求,更为根本性的原因是,与企业现有的单一隐患排查等管理方法相比,双重预防机制能够有效防范化解安全风险、遏制事故发生。

1.2.1 双重预防机制的基本逻辑

双重预防机制构建了面向事故的两道防火墙。双重预防机制首先通过风险分级管控明确责任,确保各项管控措施落实到位,有效管控风险。如果由于各种原因,某些风险分级管控措施失效或未落实,危险因素存在的风险就会失控,形成隐患,相关风险数值不断上升,风险等级迅速提升,发生事故的可能性增大。为了遏制事故发生,通过隐患排查治理,确保失效或未落实的措施重新起作用,从而使风险等级降回到原来或可接受范围内的风险级别。双重预防机制中重点要做好风险的控制工作,也就是管控措施要责任到位,隐患治理要及时彻底。只有这样构建针对事故尤其是重特大事故的双重预防机制,才能确保可持续性安全生产,如图 1-1 所示。

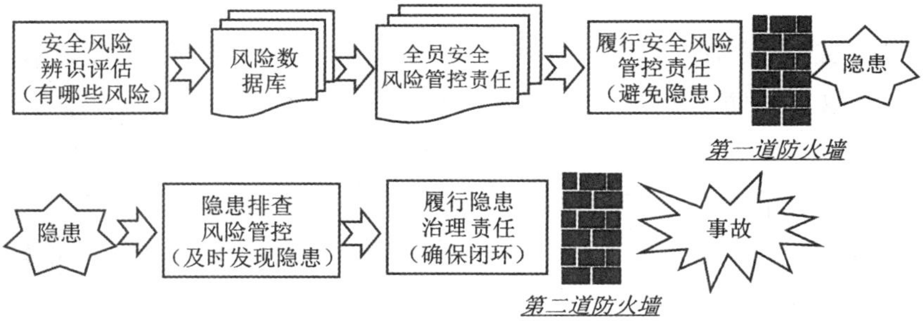

图 1-1　双重预防机制两道防火墙示意图

双重预防机制是防范化解重大安全风险的有力武器。通过对风险辨识评估,根据风险等级和专业,提前制定管控措施;通过风险管控责任清单,落实风险管控责任,尤其是重大安全风险管控责任,实现对风险的超前管控。

从流程逻辑角度,须建设风险-隐患一体化流程,即:通过年度风险辨识、专项风险辨识、风险评估制定风险管控责任清单,按照风险管控责任清单进行分级管控,对风险管控失效导致的隐患进行闭环处理,通过风险管控分析、隐患治理分析,完善风险的管控措施和补充风险辨识内容。这样,风险分级管控和隐患排查治理工作相互衔接,就形成一个 PDCA 循环,成为一个整体,即一个机制,如图 1-2 所示。显然,只有实现了风险隐患的一体化管理,才能实现双重预防机制的持续有效运行,才能确保双重预防机制的真正落地。风险-隐患的一体化闭环是双重预防机制内涵的核心,也是安全关口前移,实现风险长期、超前管控的关键。

企业开展双重预防机制相关工作的核心不在建设,而在运行。一方面,企业的安全风险处于不断变化之中或对企业所存安全风险的理解、认识是

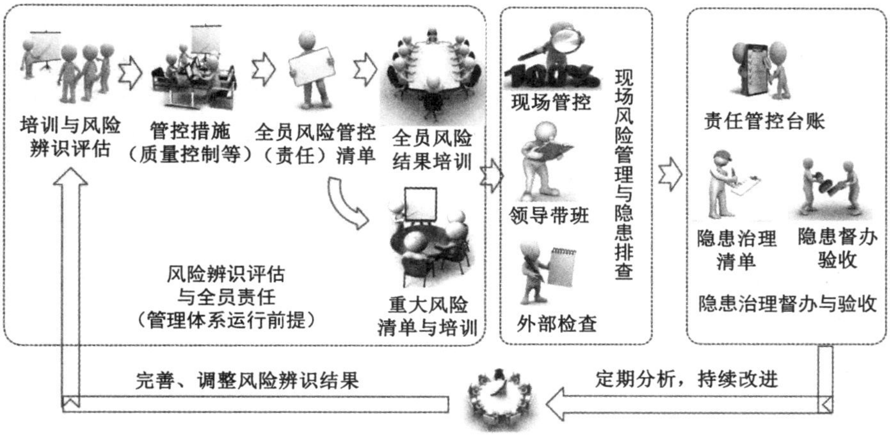

图 1-2　双重预防机制逻辑流程示意图

一个动态变化过程；另一方面，企业的双重预防机制本身也难以通过一次建设就达到非常理想的状态，且双重预防机制理论、实践以及政府要求也都处于不断变化之中，因此，必须要将双重预防机制视为一个在企业中落地运行、能够考核、不断完善的安全管理机制。

1.2.2 安全风险分级管控的关键问题

当前对双重预防机制的各种解读很多，存在很多似是而非的观点，这给双重预防机制的建设和运行带来了一些困扰。因此，要真正建立好、运用好双重预防机制，切实起到防风险、遏事故的作用，就必须要明确一些关键的问题。

(1) 安全风险辨识评估的目的是什么？

有些人认为风险辨识、评估是对当前风险的情况进行评估，然后再根据评估结果补充、完善管控措施。有些企业据此要求每月开展一次全面辨识评估，看管控措施是否满足要求。这种观点是错误的，在实践中也造成了不必要的负担。

首先，作为年度辨识或全面辨识是定期开展的，其目的是要解决“想不到、管不到”的问题，也就是说明确责任。而要落实、考核责任，就不可能很频繁地辨识评估。

其次，年度安全风险辨识开展时，企业实际上处于正常生产经营中，也就是说各类风险的管控措施实际上都是存在的，如果说某些措施不到位、不符合国家要求，应该是隐患排查的任务，而不是通过风险评估完成。

最后，如果安全风险辨识评估的目的是发现当前安全风险管控的缺陷，那就无法以此制定安全风险管控清单，就失去了夯实责任的目的。

之所以出现这种错误观点，本质上是因为混淆了安全风险辨识评估和安全评价之间的关系。安全评价是对危险因素或危险源当前的风险管控情况进行评价，如果管控措施足够，那么认为该风险受到有效管控，符合要求，可以进行生产经营活动。也就是说，安全评价是针对管控措施有效性开展的工作，因此要求评价单位有资质。而双重预防机制的安全风险辨识评估是企业履行安全生产主体责任，夯实全员安全生产责任制的重要方法，要求企业自辨自控。即便是有外部单位参与，也是辅助企业更好、更科学、更简便开展该项工作，不涉及资质问题。

（2）风险辨识评估的到底是什么风险？

双重预防机制通过安全风险辨识得到了风险的等级，然后进行风险分级管控，然而在实际过程中风险必然会根据实际情况不断变化。显然，这个进行风险分级管控所依据的风险等级和实际风险水平是不一样的，否则企业的风险管控责任不停地发生变化，不可能以此为基础夯实安全生产责任。

双重预防机制要求提前辨识风险是为了明确企业的管控重点，使全员能够各司其职，共同做好风险管控，确保每个人都有风险管控职责，每个风险都有人去管。当所有风险管控措施都到位时，该风险处于受控状态，风险大小则处于可接受水平。显然，这里的风险是“有危险”的含义，属于初始风险，相对稳定，衡量的是该危险因素可能对安全生产造成威胁的潜在能力。如果初始风险有了变化，如使用新工艺、新设备，煤矿新开工作面等，则通过专项辨识的方式解决，并修改、完善各部门、岗位安全风险管控清单，即调整责任。

当风险在日常管控过程中失控，风险的实际数值会快速上升。这就是动态风险，衡量的是相关危险因素对安全生产当前的威胁程度，与年度辨识的风险评估完全不同。因此，我们可以知道，双重预防作为一个安全管理机制，其辨识评估的是初始风险，目的是夯实各方的安全风险管控责任，避免之前隐患排查的随意性。

(3) 在安全风险不断变化的情况下,如何管控动态风险?

由于动态风险反映的是安全风险管控措施的动态变化情况,其要点不在责任,而在如何及时发现风险的变化。除了针对变化的专项风险辨识外,在具体工作中,有四种方法:

第一,面向重大风险管控,企业定期(一般是每月)结合本月的安全风险管控情况、隐患排查治理情况,下月生产计划,近期的事故和新政策制度等,对下月的重大风险变化趋势进行研判,提前进行防控。

第二,面向全面风险管控,提高风险管控的针对性。在对月度重大风险变化趋势进行研判的基础上,对各风险点风险的变化情况进行分析、预测,更加科学、有效分配下月的安全检查力量。通俗说就是哪里可能隐患多,就多检查哪里,同时保证一定时间内实现全覆盖。通过提高每月风险管控、隐患排查的针对性,及时发现可能出现的隐患。

第三,通过监测与风险有关的关键指标参数,实时监控风险的变化情况,一旦发现超过阈值立即予以处置。

第四,在积累与风险有关的大量数据基础上,通过智能化算法,对风险进行综合评价、预测预警,从而在关键指标变化之前,能够采取措施,避免将来的隐患发生。

大家可以看出,前两个是管理方法,后两个是技术方法。

第一、三两种方法主要针对重大风险管控,相对易操作;第二、四两种方法则都需要对数据进行大量的处理,尤其是第四种,必须借助大数据、人工智能算法等技术工具,但也只有采用了第四种方法,才能说真正实现将风险管控挺在隐患前面,减少隐患的发生,尤其是杜绝重大隐患。

1.2.3 双重预防机制的关键问题

隐患排查治理与企业现有的隐患闭环管理模式在具体流程上有较大类似之处,这里不再做详细说明,但从双重预防机制整体角度,我们还需要澄清一些认识。

第一,双重预防机制作为一个完整机制,如何避免风险、隐患"两张皮"?

双重预防机制是一个完整的机制,不能简单理解为安全风险分级管控机制和隐患排查治理机制两个分离的部分,即所谓的风险、隐患"两张皮"。要真正落实好双重预防机制,必须要实现风险、隐患的一体化管理,才能体现双重预防机制的特点。可以说,是否实现了风险、隐患的一体化管理是企业双重预防机制建设是否合格的基本标志。

实现风险、隐患的一体化管理,还是要从双重预防机制目的上去找答案。双重预防机制既然明确编制了各部门、岗位的安全风险管控清单,也就是明确了各部门、各岗位的责任,那么就需要在日常的安全管理工作中去落实责任。可以从两个层面去理解。以最简单的日常安全检查为例:第一层含义,检查人员按照要求到某个风险点进行检查时,必须将该风险点中属于自身责任范围内的风险管控情况予以确认,此外也可以对其他存在的隐患进行排查。也就是说,检查人员在检查过程中,同时完成了自身的风险管控责任和隐患排查工作,两项工作实为一体,只是前者是必选项,后者是可选项。第二层含义,隐患是由风险管控不到位形成的,如果从风险管控中发现隐患,则说明该风险管控责任是到位的,只是管控措施本身失控了,后续及时进行治理即可。而非风险管控,即传统隐患排查发现的隐患,则说明该风险的责任人风险管控责任不到位。这两类隐患的占比能够说明很多问题,而且能够从隐患反推哪些风险管控不到位,进而分析风险失控的原因、有针对性地制定措施,从而实现风险管控水平的不断提升。第二层含义才是双重预防机制的关键,而实际上当前不少企业连第一层含义都没有实现。风险辨识评估完成后,就形成了大量的书面材料,除了应对检查就只能用于培训。实际中做的还是传统的隐患闭环管理。因此一些企业感觉双重预防机制就是做材料,其原因就来自于此。

第二,双重预防机制这样做是不是太复杂了?和我们以前的隐患闭环管理或隐患排查有什么区别呢?

首先要明确:双重预防机制科学地建立起来后,现场工作其实更加简单、直观,对人员的能力、素质等要求都大幅度下降,还能够充分用好人员,提升安全管理的水平。也就是说,能够做到又好又省。我们先看下双重预防和传统隐患排查的区别。

传统的隐患排查是为了完成“任务量”,到现场去排查隐患。要想排查出隐患,就要求排查人员既有能力,又有责任心,前者保证知道哪里有隐患,后者保证愿意查隐患。这就对安全管理人员提出了非常高的要求。双重预防机制则从年度辨识出发,一方面明确全员的安全风险管控责任,另一方面则了解了企业的管控重点。在这两方面基础上，检查人员开展现场风险管控工作，其实也是隐患排查工作。只是这个“排查”一是要按任务进行，即有重点，而不是随意排查。二是要按清单进行排查，即到了风险点后，要完成规定动作，履行自身责任。

显然，双重预防机制的优点非常明显：第一，降低了对安全管理人员的要求，不需要有丰富的经验，也不需要有极强的责任心，只要按任务和清单要求完成工作即可。第二，风险管控和隐患排查一体化，不但减少工作量，而且确保了风险和隐患的关联，现场数据录入工作量也大幅度降低。第三，风险管控的重点与风险分布一致，检查的针对性显著提高，避免了传统隐患排查的随意性问题。第四，风险管控后，可以确定除了排查发现的隐患外，不存在较为重要的隐患，能够对企业的安全情况心里有数。第五，如果隐患是从安全风险管控中发现，则结合上次安全风险管控的信息，可以确定隐患的出现时间，确保不可能存在长期被忽视的隐患。第六，企业能够从隐患情况，无论是风险管控发现的隐患还是非风险管控发现的隐患，通过大数据分析发现风险管控不到位的原因，完善风险辨识评估结果和管控责任，不断提升企业的安全管理水平。

这些优点都是传统隐患闭环管理所不存在的，也是当前隐患排查出现“排查就有，治完再犯”问题的原因之一。只是从处罚角度倒逼企业重视责任，缺乏从如何更好落实责任的角度去解决问题。而显然，双重预防机制就是这样的一个有力工作抓手。

双重预防机制以复合闭环逻辑为核心，能够兼容企业各种个性化安全管理方法、落实企业安全生产标准化的各项要求，实现对风险的预判和防控，是具有中国特色的、创新的安全管理体系，是抓好安全生产的重要手段和方法。

煤矿安全双重预防机制的建立有助于实现煤矿安全管理的科学化、规范化、标准化；有助于落实细化煤矿安全生产标准化等管理体系、规章制度的具体要求；有助于及时发现和解决煤矿生产过程中安全风险隐患，防止和减少事故的发生，保障员工生命安全；有助于提高员工的安全意识和技能水平，增强员工的安全防范能力，提高煤矿的安全管理水平。因此，煤矿安全双重预防机制建设是十分必要的。

1.3 当前煤矿安全双重预防机制建设运行的现状与分析

1.3.1 煤矿双重预防机制建设运行的特点

双重预防机制与企业现有的安全管理模式、方法虽有共通之处，但仍然有显著的区别。在各级监管监察部门的督促和广大煤矿的积极努力之下，全国所有煤矿在一定程度上均开展了双重预防机制建设，有所区别的只是质量高低不同，整体而言走在了各行业的前列。和其他行业相比，煤矿双重预防机制建设整体呈现六方面的特点：

（1）监管监察联合推动

政府对于煤矿安全生产负有责任的单位包括地方监管机构和国家监察部门，因此在推进煤矿安全双重预防机制建设上，往往是监管监察两方面联合推动。这一点在很多省市都有所体现，其中最为典型的就是山西省，很多推进煤矿安全双重预防机制建设的文件都是由国家矿山安全监察局山西局和山西省应急管理厅联合下文。当然，一些省、自治区也存在监察部门主推，地方安全监管部门辅助的情况，但一般两个单位会有联合推动的措施。

监管监察部门的共同重视有力推进了煤矿双重预防机制建设工作，这一点与很多行业的安全管理、监管部门的相对不够积极形成了对照。

（2）标准规范，培训提升

对于煤炭行业以外的其他行业，虽然各级安委会等政府单位、《安全生产法》等法律法规提出要建设双重预防机制，但对于双重预防机制究竟包含哪些内容、应该如何建设、建设标准等都是没有过多的说明，企业在实践中陷入了迷茫境地。相对而言，煤炭行业在这方面远远走在了各行业的前列。一方面，煤炭行业在《煤矿安全生产标准化管理体系基本要求及评分方法（试行）》中，从考核角度向各煤矿给出了“安全风险分级管控”“事故隐患排查治理”两要素应达到的最低要求；另一方面，国家能源局、煤炭工业协会，以及很多省份纷纷出台了煤矿双重预防机制建设方面的标准，为各企业的工作开展提供了非常具体、可操作的依据。典型的如：国家能源局标准《煤矿安全双重预防机制 规范》（NB/T 11123—2023）、中国煤炭工业协会团体标准《煤矿安全双重预防机制规范》（T/CNCA 006—2021）、山东省地方标准《煤矿安全风险分级管控和隐患排查治理双重预防机制实施指南》(DB 37/T 3417—2018)、山西省地方标准《煤矿安全风险分级管控和隐患排查治理双重预防机制实施规范》(DB 14/T 2248—2020)、宁夏回族自治区地方标准《煤矿安全风险分级管控和隐患排查治理 双重预防机制实施指南》(DB 64/T 1916—2023)等，以及本书介绍的陕西省地方标准《煤矿安全风险分级管控和隐患排查治理 双重预防机制建设与运行 规范》(DB 61/T 1914—2024)等。

大量标准的编制、出台，极大方便了各煤矿和安全监管监察部门的工作。当然，出台标准是一方面，更重要的是在各个煤矿落实安全双重预防机制，这就需要开展培训，如山西省召开了覆盖全省煤矿的十余期双重预防机制培训，受训人员超过 2 000 人。陕西省应急管理厅也在全省组织宣讲、培训，督促各矿学习、理解新地方标准的要求，使其能够落实到企业的各项安全管理工作中。

(3) 与安全生产标准化融合

安全生产标准化是我国企业长期探索出的安全管理方法，为企业的安全管理工作提供了一个规范，极大提升了企业的安全管理水平。煤矿安全生产标准化已经形成管理体系，并将双重预防机制作为其核心。长期以来煤矿对安全生产标准化的重视程度远高于其他行业，通过多年的煤矿安全生产标准化达标建设、验收等工作，各煤矿基本将双重预防机制建设与安全生产标准化融合，两者之间形成了良好的相互促进的关系。

如前所述，《煤矿安全生产标准化管理体系基本要求及评分方法(试行)》以“安全风险分级管控”“事故隐患排查治理”两要素的形式，从安全生产标准化落地角度，对与双重预防机制相关的内容提出了最低要求。实际上，作为安全生产标准化的核心，双重预防机制本身的内涵和外延都更为丰富，更加完善的双重预防机制能够为企业包括安全生产标准化管理体系在内的各项安全管理工作的开展提供更加强有力的保障。因此，企业应该在安全生产标准化达标基础上，进一步提升、完善、落实本企业的双重预防机制。

(4) 普遍建设双重预防信息系统

出于安全生产压力以及煤矿安全生产标准化要求等方面的原因，煤矿的安全信息化、双重预防信息化建设也走在了全国各行业的前列。可以说，几乎所有的煤矿都建有双重预防信息系统或相对独立的安全风险分级管控信息系统和事故隐患排查治理信息系统。当然，由于双重预防机制是一个整体，独立建设信息系统是不合适的，但无论如何，相关基础的存在，为企业运行双重预防机制提供了有力抓手，也为政府利用双重预防信息创新安全监管创造了条件。

需要明确的是，双重预防信息系统的有效落地并不能一蹴而就，企业还是应该不断提升信息系统的功能，积极利用最新的信息技术，提高对双重预防数据的分析能力，通过信息系统用好双重预防机制。

(5) 内业材料相对齐全，逐步向班组岗位延伸

由于《煤矿安全生产标准化管理体系基本要求及评分方法(试行)》的明确要求，各个煤矿都有针对性地开展了内业材料编制。虽然存在部分煤矿内业材料造假等问题，但从全行业而言，双重预防机制内业材料基本完整，尤其是制度体系，符合《安全生产法》等的要求，能够支撑起双重预防机制的运行。

煤炭行业的安全生产环境、条件等与其他行业有显著不同，人员不安全行为、危险作业等在安全管理中的重要性较其他行业更加突出。因此，即使在国家层面没有明确要求的情况下，多数省级安全监管、监察部门都提出要将安全风险管控、隐患排查治理等工作向班组岗位延伸，通过控制不安全行为，管好危险作业，减少零敲碎打事故。

(6) 先进企业开展智能化等探索

为从根本上改变煤矿生产、安全、经营的格局，实现供给侧改革，完成产业升级，推动智能化技术与煤炭产业融合发展，提升煤矿智能化水平是煤炭行业发展的必然方向。2020 年 2 月，国家发展改革委、国家能源局、应急部、国家煤矿安监局、工业和信息化部、财政部、科技部、教育部联合印发《关于加快煤矿智能化发展的指导意见》，就此拉开了我国煤矿智能化建设的大幕。智能化和安全有密切的联系，近年来矿山安全信息化建设取得积极进展，2020 年年底国家矿山安全监察局率先建成煤矿安全风险监测“一张网”，全国 3 338 处煤矿安全监控、人员位置监测、工业视频“三大系统”实现数据联网，成为国家首批“互联网＋监管”系统重点示范应用。

在这样的背景下，部分企业将双重预防机制与智能化建设紧密结合起来，实现了智能双重预防建设，极大拓展了双重预防机制的内涵与逻辑，提升了双重预防机制的效果，减少了工作复杂性，可以说是双重预防机制建设运行的一次重大跃升。陕西省煤炭产量大，陕北地质条件好，智能化建设也较为深入。陕西煤矿智能化建设走在了全国的前列，有 15 处煤矿列入全国首批智能化示范建设煤矿名单，入选数量居全国第一。截至 2023 年年初，建成了 115 个智能化采煤工作面、72 个智能化掘进工作面，另外还有 98 个采煤和掘进工作面正在安装、调试智能化设备，智能化开采能力达 4.1 亿 t。这其中陕西煤业股份有限公司表现尤为突出，不但有 7 处煤矿入选全国首批智能化示范建设煤矿，而且研发了煤矿安全智能保障信息系统，在集团范围内全面推进集团-矿业公司-煤矿一体化的安全双重预防智能化建设，相关工作达到了国际领先水平。

陕西省煤矿结构方面以大中型煤矿居多，上述特点表现得更加显著，为企业后续的持续提升、政府安全监管等都奠定了坚实的基础，也为企业用双重预防机制夯实全员安全生产责任，进一步完善全省安全生产格局做好了准备。

1.3.2 煤矿双重预防机制建设运行的问题

当前煤矿基本都完成了双重预防机制建设，大部分企业对于双重预防建设后的效果持肯定态度，有相当一部分煤矿已经开展或正在开展双重预防管理信息化平台建设，与监管监察平台进行联网，这得益于政府对安全双重预防机制的重视与不断推进。整体来说，经过双重预防机制的建设、运行，员工风险意识提高、岗位安全职责更明确、隐患排查更有效、隐患数量下降、企业的安全投入增加、风险管控流程更规范、安全信息化建设提升。虽然当前双重预防机制建设取得了巨大的效果，但不可否认仍然存在诸多的问题。

2023 年 12 月 26 日在第十四届全国人民代表大会常务委员会第七次会议上，全国人大常委会副委员长郑建邦做了《关于检查〈中华人民共和国安全生产法〉实施情况的报告》，认为双重预防机制落实还存在很多问题，安全生产治理模式还没有完全实现向事前预防转变。主要体现在三个方面：

第一，企业对双重预防机制认识不到位，缺乏建立机制的主动性；

第二，风险分级管控制度质量不高，好看不好用；

第三，风险分级管控和隐患排查治理衔接不够。

除了上述报告中所提的三个方面的问题外，从更加具体的层面，我们认为双重预防机制建设和运行的问题还包括以下六个方面：

第一，各方对双重预防机制核心思想和概念等理解不足，造成很多争论。作为一个完整、系统性的管理机制，双重预防各部分紧密结合，共同形成 PDCA 循环。如在煤矿安全生产标准化管理体系中，就明确要求将风险管控与隐患排查工作结合起来，落实主体责任。但当前部分企业的风险管控和隐患排查仍没有任何关系，导致不能通过隐患排查落实、优化风险管控，即形成前文所述“两张皮”。

第二，企业双重预防机制建设科学性不足，体现不了双重预防的内涵，不能与安全生产责任关联，没有落实在安全管理工作中。部分煤矿双重预防机制建设重点在“编制”各种文件，但实际运行工作与文件存在一定的脱节。部分人员，甚至包括部分企业领导，对企业重大安全风险不了解，对自身的风险管控责任不清楚。

第三，对安全风险辨识认识不到位、不规范，辨识质量不高，甚至存在完全外包，放弃自身安全生产主体责任的情况。企业普遍较为重视年度辨识，但对危险作业风险辨识、“1＋4”辨识等，很多企业未按规定如期开展辨识，或在应用过程中未持续完善风险辨识结果。在具体工作中，目前企业风险辨识缺乏各方认同的详细标准，导致同地区、集团的不同企业无法横向对比，煤矿的危险作业风险辨识和专项辨识也存在较为普遍的问题，在应用过程中持续完善风险辨识结果的工作有待提高。

第四，信息系统建设水平不高，数据质量不高，系统功能缺乏维护，使用情况不理想，智能化建设更是有待开展。双重预防信息系统是企业落实双重预防机制的重要抓手，也是企业双重预防机制是否有效运行的重要标志。然而在煤矿中，双重预防信息系统的问题是最常见、最普遍的问题之一：部分煤矿认为安全监管部门要求双重预防系统联网的主要目的是监管执法，若将数据上报后，会被监管监察部门发现问题并追究责罚；一些企业被迫定期或不定期往管理信息系统中录入数据，甚至个别企业还指定了专门负责数据录入的人员，录入不及时或造假；存在两套系统同时使用的现象，一套用于应付上级检查，一套则为煤矿真正使用的系统。

第五，持续改进不足，PDCA 的后两个环节缺失，没有形成长期运行机制。煤矿对于安全管理体系的理解仍处于较初始阶段，更关注的是如何满足政府安全监管部门检查时的要求，对于体系要素之间关系、要素的持续改进工作理解不深、考虑不多，导致一些企业的双重预防机制生命力不强。

第六，政府监管部门、企业集团公司对双重预防机制认识不足，监管信息平台有待加强，督促企业建设缺乏有效抓手，急需评价方法。部分政府监管部门和企业集团公司认为双重预防机制是企业的事情，对其不管不问，导致企业建设工作不统一、问题层出，而且也容易因没有见到理想的效果而缺乏动力。政府监管部门虽然有督促企业建设双重预防机制的责任，但是缺乏评价企业履责程度的工具，在实际中也难以起到督促企业深化双重预防机制建设、运行的作用。

1.3.3　煤矿双重预防机制建设运行的问题分析

近几年中国矿业大学安全科学与应急管理研究院在全国多个省份开展了关于双重预防机制建设运行情况的调研，结合研究院参与的大量辅导建设工作，本书认为双重预防机制落地和持续运行困难的原因可以总结为三个方面：人的问题、体系的问题和工具的问题，其中人的问题和工具的问题反映最多。

第一，人的问题。

人的问题首要是解决思想认识问题。这里主要责任人的领导作用非常重要。作为主要负责人，首先要认识到双重预防的重要性。部分企业领导虽然口头支持双重预防，但内心并不相信能有用，更加重视传统的隐患闭环管理。认识的变化，是行动变化的前提。其次要了解双重预防原理。了解原理不需要深入懂，但要能够指导方向，否则就成了“一推了之”。再次还要指导建设运行。在关键问题上拍板，把握公司双重预防的建设和运行方向，推动双重预防机制的深入建设和运行。最后，要掌握企业重大风险的情况，履行自身的相关责任，积极使用双重预防数据、系统辅助自身工作。

人的问题第二就是知识能力，也就是说每个人都要有能够完成其责任的知识和能力。除了主要负责人，最重要的是安全生产管理人员，他们是双重预防机制的建设者、运行监督者，因此必须知其然、知其所以然；生产技术、管理人员，一方面要参与与自身有关的双重预防建设，另一方面要在职责范围内开展双重预防工作，因此要明确知道如何建设，同时清楚自己的职责；对于区队、班组与岗位员工而言，双重预防是其日常工作的内容，要清楚知道如何落地；对于信息技术等支持人员，要知道在自己的岗位职责中，如何保障双重预防机制。总而言之，所有人员都要从思想上充分意识到双重预防的意义和作用；在认识上了解双重预防的基本内涵和方法；在具体工作中掌握本岗位双重预防的相关工作。

第二，体系的问题。

对于体系而言，主要应解决两方面的问题：

首先，企业建设的双重预防机制必须是一个科学的、符合双重预防机制内涵要求的机制，应以安全风险管控为核心，能够适应情况变化，具备持续改进的能力。当前很多企业的双重预防建设还是搞成了风险管控一个体系、隐患排查一个体系，彼此之间没有关系，“两张皮”。这就是体系本身的问题。陕西省煤矿应以陕西省煤矿地方标准为基础，同时也可参考国家能源局《煤矿安全双重预防机制 规范》(NB/T 11123—2023)，重新梳理自身的双重预防机制，确保机制本身的科学性、合理性。这也是本书编写的初衷。

其次，符合企业个性化安全管理实际需要，要全面整合企业安全管理活动，符合安全管理现场要求，简便易行。煤矿应不断加强将双重预防机制作为安全生产的核心原理的意识，将其与煤矿安全生产标准化管理体系建设等工作有机结合起来，同规划、同建设，通过双重预防机制的持续改进，推进企业安全管理工作的持续改进、提升。

第三，工具的问题。

工具的问题主要就是双重预防信息化。按照软件工程的思路，这个问题也可以分为两个方面：

首先是双重预防信息系统本身的功能问题。从功能方面考虑，信息系统要确保业务逻辑科学、模块功能强大，同时操作简便，工作量小。信息系统的功能取决于企业的双重预防机制流程，更取决于企业对双重预防机制内涵的理解，同时不能通过双重预防信息系统功能模块的名称简单判断该模块是否具有符合要求的功能。有些企业通过功能模块的名称判断不同信息系统功能的完备与否，这是非常错误的。不少企业的双重预防信息系统内部业务流程、数据流程本身就是相互独立的，不可能支持风险、隐患一体化的安全管理模式。

其次是风险隐患数据库问题，这是双重预防管理信息化能够运行的关键。风险隐患数据库要求数据完整可用、管控清单可操作，同时数据要能够持续改进。数据是信息化的灵魂，很多企业不重视数据质量的管理，最后往往导致信息系统无法使用。

从整体来说，要解决双重预防机制的落地问题，需要多方面的努力，要有科学、好用的双重预防管理信息系统支撑，要将双重预防机制、安全风险管控责任与全员安全生产责任结合起来，并制定完善的跟踪和考核体系。在具体工作中，要将技术和管理融合起来，减少双重预防机制落地的复杂性和工作量，提高运行效果。企业尤其要注意两件事：第一，双重预防机制的关键在运行，而不仅仅是建设，不能为了检查而建设。当前一些政府、企业在对双重预防机制的要求中，强调“建设”忽视“运行”的情况较为常见，应引起重视。煤炭行业经过多年的建设，已经到了重视运行、追求实效的阶段。第二，双重预防机制是企业落实全员安全生产责任的有力武器，是全员的责任，不能把它当成了少数人的工作。企业要将双重预防机制，尤其是安全风险分级管控工作落实到具体的安全生产责任、任务中，确保责任可操作、可跟踪、可考核，而不仅仅是泛泛地要求。

1.4 陕西省对安全双重预防机制建设运行的新要求

当前陕西省各地区、各有关部门和煤矿企业认真学习贯彻习近平总书记关于安全生产重要论述，深入贯彻落实党中央、国务院决策部署，坚持安全发展理念和安全生产方针，牢固树立发展决不能以牺牲安全为代价的红线意识，持续推进重大灾害治理、智能化矿山建设等工作，建设双重预防机制，构建安全风险防范化解机制。陕西省是全国能源大省，煤矿在全省的经济社会发展中地位十分重要，近年来安全生产形势不断好转，但对安全生产的要求一刻都不能放松。陕西省也非常重视双重预防机制的作用，先后对双重预防机制建设提出了一系列要求。

1.4.1 近年来陕西省对双重预防机制的要求

与国家层面的工作同步，陕西省安全生产委员会连续两年针对双重预防机制建设下发工作要求,《陕西省建立完善安全生产风险分级管控和隐患排查治理双重预防机制的实施意见》(陕安委〔2017〕10号)和《关于进一步加快实施安全生产风险分级管控和隐患排查治理双重预防机制建设工作的通知》(陕安委办〔2018〕20号),先后提出安全双重预防机制如何建设、如何提升的问题,全面规划、推进全省各行业双重预防机制建设。

2022年,《陕西省安全生产委员会2022年工作要点》中,第四条要求推动企业落实安全生产主体责任,提出"推动企业全面构建安全风险分级管控和隐患排查治理双重预防机制,实现重点行业领域规模以上企业、高危行业领域的小微企业全覆盖,落实企业法定代表人和实际控制人等企业主要负责人履行第一责任人责任"。该项工作由省级负有安全生产监督管理职责的部门分工负责。

按照陕西省的要求,2022年陕西省应急管理厅下发《关于开展煤矿双重预防机制和安全生产标准化管理体系示范矿井建设的通知》(陕应急〔2022〕106号),对煤矿双重预防机制的建设做了更为细化的要求,同时提出支持鼓励有条件的地区积极创建煤矿双重预防机制和安全生产标准化管理体系示范市、示范县。

到了2023年,要求进一步提升对双重预防机制建设的重视程度,在建设的基础上,向落地推进。《陕西省安全生产委员会2023年工作要点》在"精准防控重大安全风险"部分提出:"……聚焦重点时段、重大活动、重要节点,系统分析历史同期典型事故和发布风险防范提示,超前精准化解规律风险",由陕西省安委会各成员单位分工负责。对于涉危行业提出进一步的要求"聚焦矿山、危险化学品、工贸行业领域,推动企业探索建立健全'实用、管用、愿用、会用'的双重预防机制,扭转制度和实操'脱节'的问题",指定由陕西省应急管理厅负责。

2023年5月9日,陕西省安全生产委员会印发《全省重大事故隐患专项排查整治2023行动实施方案》,其中第七项运用信息化、数字化等科技手段,提升企业重大风险防范水平。企业要将信息化深度融入安全生产工作,鼓励运用科技信息化手段,推动安全风险分级管控和隐患排查治理双重预防机制建设,提升安全生产风险监测预警整治能力。对当前安全风险大、传统手段"看不住、管不全、管不好"的特殊作业管理,将日常巡检、人员定位、双重预防机制等作为必建场景，构建安全生产“智慧监管”模式，防范化解重大安全风险，推动企业本质安全水平提升。这里对企业和监管部门都提出了双重预防信息化、智能化相关的要求。

为了强化、落实双重预防机制建设、运行工作，推动全省安全风险分级管控和隐患排查治理双重预防机制建设成果的巩固提升，推进双重预防机制常态长效运行，将安全双重预防理念延伸到属地管理和行业监管全过程、各方面，全面提升企业本质安全水平，实现安全生产治理模式向事前预防转型，2023 年 9 月，陕西省安全生产委员会办公室下发了《关于进一步加强企业安全风险分级管控和隐患排查治理双重预防机制建设的指导意见》。在该文件中对煤矿双重预防机制建设、运行提出了新的要求，主要包括如下几个方面：

（1）推动企业全面构建安全风险分级管控和隐患排查治理双重预防机制，实现重点行业领域规模以上企业、高危行业领域的小微企业全覆盖，落实企业法定代表人和实际控制人等企业主要负责人履行第一责任人责任。

（2）提出要精准防控重大安全风险，在建设的基础上推进落地，对安全双重预防机制的要求进一步提高，推动企业探索建立健全“实用、管用、愿用、会用”的安全双重预防机制，扭转制度和实操“脱节”的问题。

（3）要求运用信息化、数字化、智能化等现代方式，创新安全双重预防机制的运行方式、提升工作效率和效能。提升安全生产风险监测预警整治能力。

（4）压实责任，强化考核。要求压实各级各部门的安全生产责任，强化安全双重预防机制建设运行的考核评价，确保各项措施落到实处。巩固、推动全省安全风险分级管控和隐患排查治理双重预防机制建设成果的提升，推进双重预防机制常态长效运行，将安全双重预防理念延伸到属地管理和行业监管全过程各方面，全面提升企业本质安全水平，实现安全生产治理模式向事前预防转型。

（5）要求全省企业的安全管理向体系化方向发展，明确开展安全生产的体系建设。

陕西省对煤矿双重预防机制的要求是在煤矿安全生产标准化管理体系的基础上，结合陕西省煤矿重大灾害的特点、安全生产的实际情况等提出有针对性的要求，既能够满足煤矿安全生产标准化的要求，又能够体现陕西省的特色。要落地这些要求，就必须解决规范性、可操作性等问题，需要编制相关的地方标准，即陕西省地方标准《煤矿安全风险分级管控和隐患排查治理 双重预防机制建设与运行 规范》。

1.4.2 陕西《煤矿安全风险分级管控和隐患排查治理双重预防机制建设与运行 规范》编制

针对陕西省煤矿安全生产工作的实际情况，制定面向陕西省的煤矿双重预防机制建设与运行标准，对于推进陕西省煤矿双重预防机制建设、运行具有重要的意义。一方面为陕西省煤矿安全双重预防机制建设工作提供基本遵循，落实《新安法》的要求，确保煤矿安全双重预防机制建设、运行的科学性，提升安全生产水平；另一方面也为政府安全监管执法提供有力抓手，使监管部门执法时能够有据可依，督促企业履责尽职。在2022年陕西省应急管理厅组织专家对全省煤矿、非煤矿山等企业双重预防机制建设、运行情况开展调研的基础上，2023年年初经陕西省市场监督管理局批准，开始了陕西省地方标准《规范》的起草工作。

遵循合规性、整体性、实用性、前瞻性、规范性原则，经过专家的多轮讨论、部分和全面征求煤矿企业的意见，《规范》于2024年年底发布。本书对标准的内容进行了解读，从指导企业贯彻标准的角度提出了双重预防机制建设、运行的方法。标准的全文见本书附录，其作用体现在以下五方面：

（1）解决企业对安全双重预防机制理解不清、概念模糊的问题

《规范》对安全双重预防机制建设和运行中涉及的术语和概念都做了解释和规范，并要求企业定期组织相关的知识培训和理论宣贯，让企业在建设运行中有“法”可依，让员工在工作执行中便于理解和接受。

（2）规范建设和应用，解决建设和实际应用“两张皮”的问题

《规范》内容重在操作和执行要求，对如何将安全双重预防机制在日常管理相应的部门、职责、流程等中有效落地，都做了非常具体的说明。安全双重预防流程与企业安全管理流程的融合，有效避免了之前煤矿企业对安全双重预防机制只建设不运行、只在纸上建设不在实际现场应用的问题。

（3）明确风险和隐患相互促进的流程，切实提升企业安全管理水平

《规范》紧密遵循安全双重预防机制的逻辑，将风险和隐患视为相互联

系、相互促进的两个有机组成部分。风险分级管控的措施，为隐患排查治理提供了指引；隐患排查治理台账的数据分析，为风险辨识的完善指明了问题所在。在风险和隐患的互动中，煤矿安全管理水平不断提升。

（4）夯实责任，为监管部门的安全监管提供了依据

《规范》明确企业主要负责人为安全双重预防机制建设和运行的第一责任人，指明安全双重预防机制应该包含哪些要素，以及每一个要素应该如何建设。《规范》在将习近平总书记关于安全双重预防机制建设的指示有效落实在企业的同时，也为监管部门的安全监管工作提供了明确的依据。

（5）指明信息化方向，明确接口信息，为企业和监管部门都提供了规范

安全双重预防机制的建设和运行信息很大程度上反映了企业安全管理水平，但由于各个企业的理解各不相同，指标口径不一，长期以来企业对安全双重预防信息化建设理解不一，监管部门也无法利用相关信息进行横向比较，无法将采集的信息用于安全监管。《规范》对煤矿安全双重预防机制运行情况等基础指标予以明确，统一了各个指标的内涵，既方便了企业的对照建设，也为各级政府安全监管部门的远程精准监管提供了丰富可靠的数据。

1.4.3 煤矿建好用好双重预防机制的对策

企业要履行安全生产主体责任，有效管控安全风险，就要以双重预防机制为核心，通过安全双重预防机制和信息化技术打造智能化双重预防技术体系，通过安全生产责任的履职和考核明确双重预防的落实方向，辅之以风险研判和风险智能化管控等技术手段，实现企业安全的根本性提升。

鉴于当前陕西省所有煤矿已经在一定程度上开展了双重预防机制建设，并满足《煤矿安全生产标准化管理体系基本要求及评分方法（试行）》中“安全风险分级管控”“事故隐患排查治理”两要素的基本要求，因此本部分给出的对策是基于已有基础的提升，包括四个主要方面：完善机制和系统，确保能用；与安全生产责任融合，确保管用；开展风险研判，确保适用；开展智能化探索，确保好用。这四个方面中，第一个是基础，而且两个组成部分相互融合，中间两个是运行核心，也是落地运行的重要保障，最后的智能双重预防是提升，根据各个企业的实际情况推进。这四个对策之间的关系如图 1-3 所示。

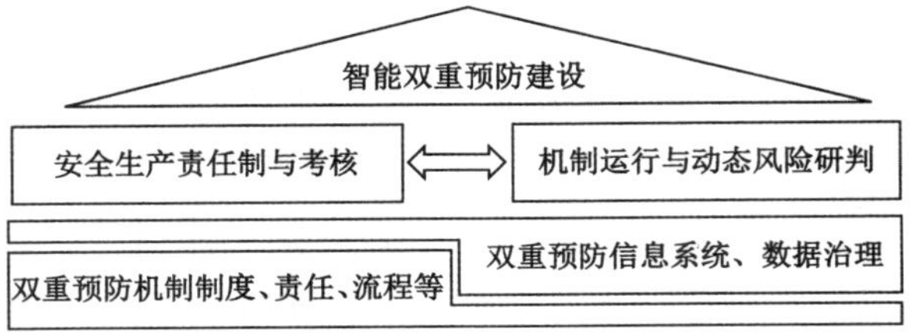

图 1-3　煤矿深化双重预防机制的对策

首先,完善推进安全双重预防机制和信息系统运行。

当前很多煤矿双重预防机制建设中存在各种各样的误解,因此首先要基于《规范》,通过学习、培训等了解双重预防机制的内涵、流程,全面梳理、完善现有的双重预防机制制度、责任、流程等,解决双重预防机制中科学性和规范性问题。这里面尤其要重视四个方面:安全风险管控责任清单和风险点风险数据质量必须满足运行要求,必须要将双重预防机制与安全生产责任制结合起来,要将风险和隐患一体化管理,以及要建立、完善持续改进机制。

工欲善其事必先利其器。有了科学、可运行的双重预防机制,要方便、高效落地还要重视双重预防信息系统的建设。在当前的技术条件下,离开双重预防信息系统是不可能达到预期效果的,然而当前双重预防信息系统的问题确实有很大的代表性,在一些企业甚至成为一种负担。如何建好、用好安全双重预防信息系统是一个非常重要的工作。当前很多企业都在这方面存在很多问题,企业必须要对双重预防信息系统有信心,要用科学的方法去解决信息系统的问题,条件具备的企业应尽快开展智能化双重预防建设。

第二,加强安全生产责任的履职与考核。

企业建设安全双重预防机制的目的是确保企业各单位尽职履责,提升安全治理能力。从实际履职角度,双重预防信息化建设对改变安全管理、监管方式方法有重要意义,基于安全双重预防信息系统的智能化技术体系,实现企业安全生产责任的落实。通过规范各单位的工作、督促下属各单位履职、掌握下属各单位安全情况,以及指导自身安全监管工作,推进企业落实、用好双重预防,也包括自己利用双重预防深化安全生产责任的落实。

生产经营单位是承担安全生产责任的主体。但如果某生产经营单位是集团所属企业，那么集团对所属企业安全生产也有非常重要的影响。集团的工作思路与政府安全监管的思路有异曲同工之处，其安全生产责任也已经引起了各方的重视。从集团角度，应该考虑两个方面的问题：其一，如何为企业双重预防机制建设提要求、定标准，打好各项工作的基础，进而提炼、总结建设方法和运行方法，提供交流渠道，指导各单位提升、完善自身的建设水平，既能够提高企业的工作质量，还能减少工作量；其二，从集团监管角度如何推进双重预防机制建设，如何利用双重预防开展安全监管。在提升自身安全监管能力方面，则需要创新安全监管方法，确定监管信息，制定数据标准；建设安全监管双重预防信息平台，采集数据；最后加强数据分析功能，用双重预防数据提升监管能力。

第三，开展安全风险研判，有效管控重大风险。

坚持问题导向，强化源头管控，通过超前辨识预判、提前预警等措施，提高风险防控能力，把安全风险管控挺在隐患前面，把风险隐患化解消除在萌芽之时、成灾之前。在智能化双重预防机制未能深化落实之前，通过传统的管理手段进行安全风险研判，有效管控重大风险。企业一把手对企业重大安全风险研判防控工作全面负责，主要负责统一组织领导和协调指挥下属单位重大安全风险研判防控工作，明确内部重大安全风险研判防控工作责任，建立重大安全风险研判防控工作体制、机制、制度。通过每月召开专题会议，对下属各单位存在的重大安全风险进行分析研判，下发重大安全风险清单及主要管控措施。对各单位重大安全风险管控措施落实情况进行监督检查。下属各单位要立足化解重大安全风险、防范重大事故，聚焦重大灾害防治，盯住安全生产的关键环节、关键时段，重点分析研判可能存在的重大风险。

第四，与智能化技术融合，推进安全风险智能化管控。

信息化、智能化技术是企业破解信息不足、信息不对称最有力的武器。煤矿企业应以双重预防机制为核心，集成“人、机、环、管”安全相关数据，采用物联网、云计算、大数据、人工智能算法等现代信息技术，统合煤矿企业现有安全管理模式，与风险分级管控和隐患排查治理深度融合，实现安全生产要素动态监控、安全风险综合评估、预测预警、事故隐患智能分析，直至应急协同指挥一体化。通过透彻感知、泛在互联、数据治理、智能决策等，在各个应用场景上，创新智能安全管理模式，如远程巡检、现场智能检查、安全风险评估、安全风险预测预警、安全风险管控处置、智能分析等；通过智能化技术提升安全管理效率效果，实现对各类安全风险的超前管控，创新安全风险智能化管理新模式。

企业建好用好双重预防机制是所有工作的基础。无论是企业当前双重预防机制建设仍存在问题或希望进一步提升双重预防机制运行效果，煤矿都应借《规范》出台的契机，通过全面的培训、学习，提升企业对双重预防机制的认识、理解，完善自身的双重预防机制，夯实企业安全生产基础，实现企业安全风险超前管控和隐患排查治理能力持续提升，推进企业层面安全治理体系和治理能力的现代化。

2 陕西省《煤矿安全风险分级管控和隐患排查治理双重预防机制建设运行 规范》解读

2.1 范围

【原文】

本文件规定了煤矿安全双重预防机制的术语和定义、总体要求、安全风险分级管控、隐患排查治理、不安全行为管理、信息系统建设、持续改进和档案管理的要求。

【解读】

本部分简要说明了《规范》编制的整体框架，整个框架按照 PDCA 循环模式编制。

【原文】

本文件适用于煤矿安全监管部门和煤矿企业的安全风险管控和隐患排查治理。

【解读】

本部分说明《规范》的适用范围，即陕西煤矿安全监管部门、行政区域内所有合法生产以及建设中的煤矿。

2.2 规范性引用文件

【原文】

下列文件中的内容通过文中的规范性引用而构成本文件必不可少的条款。其中，注日期的引用文件，仅该日期对应的版本适用于本文件；不注日期的引用文件，其最新版本（包括所有的修改单）适用于本文件。

GB/T 23694 风险管理 术语

AQ/T 1093 煤矿安全风险预控管理体系 规范

NB/T 11123 煤矿安全双重预防机制 规范

【解读】

本部分列举了《规范》起草过程中参考、引用的文件，可供煤矿在执行过程中辅助理解。

2.3 术语和定义

【原文】

下列术语和定义适用于本文件。

3.1 风险 risk

导致生产安全事故或健康损害事件发生的可能性和后果严重性的组合。

[来源：GB/T 23694—2013，2.1]

3.2 风险点 risk site

风险伴随的部位、场所和区域。

[来源：NB/T 11123—2023，3.2]

3.3 危险因素 hazard factors

可能产生或存在风险的主体。

[来源:AQ/T 1093,3.9,有修改]

3.4 风险辨识 risk identification

识别危险因素所存在或伴随风险的过程。

[来源:NB/T 11123—2023,3.4]

3.5 初始风险 initial risk

不考虑现有管控措施的情况下,危险因素存在的风险。

[来源:NB/T 11123—2023,3.7,有修改]

3.6 动态风险 dynamic risk

采取风险管控措施后的风险。

[来源:NB/T 11123—2023,3.8,有修改]

3.7 风险评估 risk assessment

确定风险导致事故发生可能性及危害程度的活动。

3.8 风险分级管控 risk hierarchical control

依据风险等级确定不同管控层级、频率的方式。

[来源:NB/T 11123—2023,3.9,有修改]

3.9 风险管控措施 risk control measures

管控风险所采取的消除、隔离、控制或个人防护方法和手段。

[来源:NB/T 11123—2023,3.5,有修改]

3.10 风险管控责任清单 risk grading control list

责任范围内的安全风险管控任务台账。

3.11 风险预警 risk warning

风险超过预设条件时发出的警示信息。

3.12 隐患 hidden danger

可能导致职业健康损害或事故发生的人的不安全行为、物的不安全状态、环境的不安全因素和管理上的缺陷。

3.13 隐患排查 screening for hidden danger

对生产经营过程中产生隐患的检查、监测的活动。

3.14 智能化安全双重预防机制 intelligent security dual prevention mechanism

智能化技术与双重预防机制有机融合,通过对人、机、环、管安全数据的集成和智能分析，实现安全双重预防机制的高效、精准和便捷化运行。

【解读】

本部分对《规范》中多次出现的重要的术语进行了定义，有助于规范、统一陕西省煤矿安全监管部门及行政区域内所有合法生产以及建设中的煤矿对双重预防机制相关专有名词的理解，为提升全省煤矿安全双重预防机制建设运行打好基础。

2.4 总体要求

【原文】

4.1 煤矿是安全双重预防机制建设和运行工作的责任主体，应当确定安全双重预防机制建设和运行的管理部门，并明确职责。

【解读】

本部分对煤矿企业安全双重预防机制建设与运行的机构与职责提出了要求。

煤矿安全双重预防机制机构与职责示例如图 2-1 所示。

为做好矿井安全风险分级管控和事故隐患排查治理双重预防机制(以下简称双防机制)建设工作，特明确、落实各级职责如下：

1. 矿长：是矿双防机制建设工作的第一责任人。全面负责矿井双防机制建设工作。

组织年度安全风险辨识评估和事故后专项安全风险辨识。

组织编制并实施重大风险管控方案及重大隐患治理方案。

每月组织开展事故隐患排查及重大安全风险管控措施的检查分析，召开专题会议。

28. 安全监察处：负责风险管控措施和隐患治理措施落实情况的监督考核。

29. 生产技术科：负责矿井生产设计、采煤、掘进、辅助运输、顶板、爆破作业的风险辨识评估、风险管控和隐患排查治理工作。组织制定业务范围内一般风险的管控措施，验收一般风险、C 级隐患。

30. 防冲办：负责矿井矿压监测、冲击地压的风险辨识评估、风险管控和隐患排查治理工作。

34. 采煤工区：负责矿井煤炭开采过程中的风险辨识评估、风险管控和隐患排查治理工作。落实风险管控和隐患治理措施，管控低风险。

图 2-1 煤矿安全双重预防机制机构与职责示例

【原文】

4.2 煤矿应明确安全双重预防机制建设和运行目标，应包含风险管控、隐患排查治理、不安全行为管理、生产安全事故控制、教育培训等内容，并分解到科室（部门）、区队（车间）、班组，同时将其纳入安全绩效进行管理和考核。

【解读】

此部分对煤矿企业安全双重预防机制建设与运行目标管理提出了要求，有助于陕西省煤矿安全双重预防机制建设运行。

【原文】

4.3 煤矿应建立安全双重预防机制管理制度，应包含煤矿安全双重预防机制组织机构与责任体系、风险辨识与评估、安全风险分级管控、隐患排查与登记、隐患治理与督办、隐患验收与销号、不安全行为管理、安全双重预防管理信息系统使用和运行维护、教育培训、安全双重预防机制考核、持续改进等内容。

【解读】

此部分要求煤矿建立双重预防机制建设与运行的管理制度。煤矿可以单独建立相应文件，也可根据专业分别建立相应文件，如安全风险分级管控制度文件、事故隐患排查治理制度文件、岗位作业流程标准化制度文件等。

另外，根据煤矿需要，可不限于以上制度，建立保障双重预防机制建设、运行和持续改进的其他制度。

【原文】

4.4 煤矿应将安全双重预防机制内容纳入到全员安全生产责任，并定期考核。

【解读】

此部分对煤矿企业安全双重预防机制考核提出了要求，有助于对陕西省煤矿安全双重预防机制定期评估。

【原文】

4.5　煤矿应对重大风险及重大隐患进行公示公告，除满足 NB/T 11123—2023 第 7 章要求外，还应每月将重大风险管控措施不落实情况向分管负责人警示，并制作岗位风险告知卡。

【解读】

此部对煤矿企业安全风险的公告警示及隐患公示监督提出了要求。在满足 NB/T 11123—2023 第 7 章要求的同时，还须每月将重大风险管控措施不落实情况向分管负责人警示。同时陕西煤矿地标对岗位风险告知卡提出了新要求。

【案例】

案例一：煤矿重大安全风险公示。

针对辨识出的重大安全风险，L 煤矿在井口位置进行了公示，公示牌板格式如表 2-1 所示。

表 2-1　L 煤矿重大安全风险公示牌

序号	风险地点	风险描述	风险类型	管控措施	应急措施	责任人	责任部门
1	22802 采空区	采空区自然发火	火灾	1. 加强防灭火系统管理，维护保养好注氮、注浆、阻化剂设施设备。 2. 加强工作面的发火气体检测管理。 3. 定期对采空区束管取样化验，做好预测预报工作。 4. 每班对采空区进行气体检查。 5. 确保工作面通风系统合理，工作面风量充足。 6. 加强工作面风障管理，确保工作面风量充足，减少采空区风量。 7. 工作面回撤完毕确保能够在 45 天内及时封闭	1. 立即采取注氮、注浆、阻化剂等措施治理。 2. 根据自然发火情况封闭采空区。 3. 立即撤出受威胁区域的人员	×××	“一通三防”科综采队

表 2-1(续)

序号	风险地点	风险描述	风险类型	管控措施	应急措施	责任人	责任部门
2	22802综放工作面及两回采巷道	22802 采煤工作面及两回采巷道，受采动超前压力影响，可能发生冒顶、片帮、掉渣、底鼓事故	冒顶片帮	1. 巷道定期观测、巡巷、收集数据，分析。加强巷道顶板离层仪、顶板动态监测仪、两巷单体支柱监测。 2. 在出现顶板离层地段制定专项支护方案，编制专项安全技术措施，对离层地段进行补强支护。 3. 两回采巷道超前支护段设计支护距离 40 m。 4. 及时移架做到跟机作业，严禁空顶作业。 5. 严格控制采高，加强顶板管理。 6. 工作面支架初撑力达标，每天安排专人验收支架初撑力，对支架初撑力不达标的给予相关人员处罚。 7. 工作面顶板破碎地段制定专项措施，补强支护。 8. 加强超前支护地段支护质量管理，坚持动态考核	1. 立即对冒顶、片帮区域，采取补打锚杆、锚索、钢梁等措施，加强支护。 2. 发生底鼓情况，及时起底。 3. 保证超前支护，支架初撑力达标	×××	生产技术科综采队
3	22802综放工作面	瓦斯超限导致氧气浓度较低造成窒息	中毒窒息	1. 保证通风系统稳定可靠，综采工作面风量充足，监测探头的数量、安设位置、断电值、灵敏程度符合规程要求，安全可靠。 2. 加强综采工作面上隅角瓦斯管理。杜绝局部瓦斯超限现象的发生。 3. 收集整理打钻资料，及时准确地预报地质构造，以便有关单位及时采取针对性的措施，防止瓦斯异常涌出。 4. 综采生产作业保持合理推进、合理放煤	1. 立即撤出受威胁区域的人员。 2. 停止工作面一切工作，并切断电源	×××	“一通三防”科综采队

案例二：煤矿隐患排查治理通报。

L煤矿11月份事故隐患排查治理情况通报

按照《煤矿安全生产标准化管理体系基本要求及评分方法(试行)》(煤安监行管〔2020〕16号文)等文件要求，现将我矿2023年11月1日至11月30日煤矿事故隐患的分布及治理情况通报如下：

一、事故隐患的分布情况

煤矿双重预防机制管理信息系统事故隐患统计数据显示，各类事故隐患共计38条，其中，C级隐患5条，D级隐患33条。主要分布为：

“一通三防”方面：C级隐患1条，D级隐患11条；

采掘顶板管理方面：C级隐患2条，D级隐患8条；

机电运输方面：C级隐患1条，D级隐患5条；

防治水方面：C级隐患0条，D级隐患3条；

其他方面：C级隐患1条，D级隐患6条。

二、存在主要问题及分析

顶板类主要存在问题：掘进工作面的工程质量差，巷道片帮成型差，帮锚网搭接不规范，间排距不均；1302工作面空顶面积大，后砂充填部分未接顶，个别支架初撑力不足，支柱漏液卸压较多，超前支护段单体支柱防倒柱绳锈蚀。

提升运输类主要存在问题：胶带跑偏及托辊损坏，带式输送机机头未安设烟雾传感器。

“一通三防”类主要存在问题：生产中个别转载点喷雾没有开启，压风、供水施救系统的管路没有接好，隔爆水棚水袋缺水，掘进面风筒、传感器滞后，风筒编号不全、漏风，缺少净化水幕。

机电方面主要存在问题：配电点开关保护、供电系统图与实际不符，乘人车无掉绳保护，接地极的安设不符合要求等。

其他问题：井下所有标识牌板未按规定吊挂，巷道淤泥积水多，设备上积尘厚，消防设施不全等。

隐患治理进展情况：

上述38条事故隐患中，各责任单位已按照整改时限要求进行了整改，经验收人员复查，38 条隐患整改质量符合标准，全部整改完毕。

三、11 月事故隐患排查与治理重点

1. 各级人员要认真开展煤矿各系统、环节和作业区域的事故隐患排查与治理，对能“立查立改”的隐患必须现场落实整改，对整改有较大难度的事故隐患要及时向专业部门反馈信息，采取措施进行治理。

2. 加强采面上隅角顶板和瓦斯管理及煤巷掘进面的风量配备，通风管理人员要定期对采面上隅角瓦斯情况、煤巷风量配置情况、供风设备完好情况、瓦斯监控设备运行情况等进行全面检查。

3. 加强瓦斯抽采钻孔的管理，特别是封孔质量、抽放管路的检查，提高瓦斯抽放量和抽放浓度。

4. 雨季期间，各单位、相关部门要落实执行雨季“三防”措施要求，落实好雨季期间煤矿防治水措施和应急预案，暴雨前要对矿井的涌水量变化情况进行一次检查，遇变化要提前预报并采取措施进行治理。

5. 加强井下、地面供电系统设备设施的安全检查，各类供用电保护装置要达到完好标准，各类运输安全防护设施要确保安全可靠。

6. 各专业部门对照事故隐患排查治理标准，做好隐患排查分类分级与治理统计台账，隐患排查统计和治理记录资料做到整齐规范。

案例三：煤矿重大事故隐患公示。

煤矿重大事故隐患公示牌

公示时间：　　年　　月　　日

序号	隐患地点	隐患内容	整改方案	排查人	隐患挂牌时间	隐患治理时限	整改负责人	停产停工范围	治理资金（万元）	验收时间	验收负责人	验收结果
1												
2												
3												

事故隐患举报电话：1234567×××

事故隐患举报邮箱：123456××@qq.com

【原文】

4.6　煤矿应每年组织教育培训，并符合 NB/T 11123—2023 中第 10 章要求，培训范围还应包括关键岗位人员。

【解读】

本条规定了煤矿每年对员工开展安全双重预防机制安全知识培训的要求及内容，与 NB/T 11123—2023 中第 10 章要求内容相比还增加了对关键岗位人员的培训要求。

2.5　安全风险分级管控

【原文】

5.1　安全风险辨识

5.1.1　组织实施

5.1.1.1　矿长组织各分管负责人、副总工程师和相关科室（部门）、区队（车间）对初始风险进行年度安全风险辨识评估。

5.1.1.2　矿长和各分管负责人按要求组织开展专项风险辨识评估。

【解读】

本条规定了煤矿年度安全风险辨识及专项风险辨识评估人员组织要求，年度风险辨识评估需由矿长组织，各分管负责人、副总工程师和相关科室（部门）、区队（车间）人员参与辨识（可留存辨识会议记录及参与人员签字）。年度辨识应充分结合双重预防机制持续改进工作，完善人员组织、辨识分工、辨识流程和辨识内容等环节。矿长和各分管负责人按要求开展专项风险辨识评估。参与辨识人员应经过安全风险辨识评估技术培训。

【原文】

5.1.2　风险点划分

煤矿应依据功能独立、易于管理、责任明确的原则划分风险点，涵盖井下（坑下）、系统、选煤厂及地面其他重点场所，应编制风险点台账并根据生产变化情况进行更新，风险点台账样表见表 A.1。

【解读】

安全风险辨识的第一步是风险点划分，即按功能独立、易于管理、责任明确的原则划分风险点。功能独立，即不宜将一个具有完整功能的地点或区域进行拆分；易于管理，即不宜过大或过小；责任明确即风险点的管理责任应清晰，避免相互推诿。

风险点台账内容一般包括风险点名称、排查日期、开始日期、解除日期、排查人、责任单位、责任人等信息。风险点名称即风险伴随的区域、场所、部位名称，如××采煤工作面、中央变电所、井底煤仓等；排查日期即风险点划分日期；开始日期即风险点按生产组织计划正式投用的日期，如××工作面计划 2023 年 6 月开始开采，其开始日期为 2023 年 6 月；解除日期即风险点按生产组织计划结束投用的日期，如××工作面计划 2024 年 10 月开采完毕，其解除日期为 2024 年 10 月；排查人即确定该风险点的人员；责任单位即负责管控该风险点的部门；责任人即负责管控该风险点的人员。

煤矿风险点台账应根据生产变化情况进行更新是指风险点划分完毕后要形成煤矿的风险点台账，并根据煤矿的生产组织、接续计划或作业场所性质和名称变化等及时更新，包括增删风险点、更新风险点的相关信息等。

【原文】

5.1.3　危险因素识别

危险因素识别应满足 NB/T 11123—2023 中 5.2.2 的要求。危险因素识别后，企业应编制危险因素清单，清单示例见表 A.2。

注：作业活动类危险因素的划分指存在安全风险的生产作业活动。

【解读】

危险因素识别有两个目标：一是全面辨识该风险点内的风险，确保无遗漏；二是要方便后期的管控和分析，必须对风险按照危险因素进行归类。从大的类别上，危险因素可分为四种：设备设施类、作业活动类、作业环境类和其他。

设备设施类危险因素在该风险点内可能存在的设备设施，可区分为固定设施和移动设施，对于固定设施应重点关注，如某采煤工作面风险点设备设施类危险因素包含：采煤机、掘进机、运输提升装置等。

作业活动类危险因素一般指存在安全风险的生产作业活动，它们的作业地点有些是不固定的，经常根据采掘接续计划或生产实际需要不断变化。应列出本风险点常见的作业活动，如井工煤矿割煤、掘进、移架等，露天煤矿穿孔爆破、采煤、剥离、运输、排土等。

作业环境类危险因素是指风险点所处环境中存在的可能造成危险的因素。作业环境类危险因素是煤矿最重要的危险因素，应列出本风险点应关注的危险因素，其识别需要安全、管理、技术人员根据现场工作经验共同讨论进行识别。常见的如井工煤矿水、火、瓦斯、顶板、煤尘、冲击地压、热害等，露天煤矿滑坡、坍塌等。

其他类别是对危险因素的补充，除以上列举的三种类型危险因素以外，煤矿可根据自己的实际情况进行补充。

【原文】

5.1.4　风险辨识类型

5.1.4.1　年度风险辨识

5.1.4.1.1　年度风险辨识除 NB/T 11123—2023 中 5.3.1.1 规定的情形之外，还应包括以下内容：

——煤矿危险作业包括：煤矿爆破、吊装、动火、临时用电、石门揭煤、探放水、巷道贯通、清理煤仓、强制放顶、火区密闭和启封等；

【解读】

本条是对煤矿危险作业内容的说明，依据文件是《煤矿安全生产条例》第三十四条及《安全生产法》第四十三条。

【原文】

——煤矿隐蔽致灾因素包括：井（矿）田内及周边采空区，废弃老窑（井筒）、封闭不良钻孔，断层、裂隙、褶曲，陷落柱，瓦斯富集区，导水裂隙带、离层空间，地下含水体，地表水体，井下火区，油气及油气井、煤层气井，冲击地压危险性，古河床冲刷带、岩浆岩侵入体、煤（岩）层风氧化带、火烧区、古隆起、天窗、暗河、溶洞等不良地质体，边坡稳定性等；

【解读】

本条是对煤矿隐蔽致灾因素内容的说明，依据文件是《煤矿地质工作细则》，同时规定需辨识隐蔽致灾因素存在的风险。

【原文】

——煤矿地面的风险包括：职工食堂、职工澡堂、职工会堂、职工宿舍、招待所、文体活动中心及仓库等可能存在的火灾或其他风险。

【解读】

本条是对煤矿地面风险的说明，企业在年度风险辨识时应将地面风险一同考虑在内。

【原文】

5.1.4.1.2　煤矿应编制年度安全风险辨识评估报告和《煤矿重大安全风险管控方案》。

【解读】

本条是对年度风险辨识成果的要求。煤矿在年度风险辨识活动结束后，应编制年度安全风险辨识评估报告和《煤矿重大安全风险管控方案》，对本年度双重预防机制工作提供指导。

【原文】

5.1.4.2　专项风险辨识

5.1.4.2.1　专项风险辨识应符合 NB/T 11123—2023 中 5.3.1.2 规定，还应满足以下要求：

——煤矿出现组织机构调整、企业产权变更时，由煤矿主要负责人组织分管负责人、副总工程师及有关科室（部门）辨识安全管理方面存在的风险；

——连续停工停产15日以上的煤矿复工复产前，由分管负责人（矿长）（复工复产前专项风险辨识评估由矿长）组织有关科室（部门）、生产组织单位（区队），重点辨识评估作业环境、工程技术、设备设施、现场操作等方面存在的安全风险。

【解读】

本条是对煤矿需进行专项风险辨识情形的说明，除应符合NB/T 11123—2023中5.3.1.2规定外，煤矿出现组织机构调整、企业产权变更及连续停工停产15日以上复工复产前也需要进行专项辨识，并且对相关人员及辨识重点进行了明确。

【原文】

5.1.4.2.2　专项风险辨识后，有新增重大风险或需调整措施的，应补充完善《煤矿重大安全风险管控方案》。

【解读】

本条是对专项辨识结果要求的说明。

【原文】

5.1.5　风险类型

煤矿风险类型的划分应符合《煤矿双重预防系统数据接入细则（试行）》规定。

【解读】

本条是对风险类型划分的规定。划分风险类型的目的是从可能导致的事故及伤害类型的角度分析煤矿的风险分布。煤矿在日常的风险管控中可对风险进行汇总、归类和统计，结合风险类型分析识别煤矿的安全管理薄弱方面，指导煤矿把握安全管理重点。《煤矿双重预防系统数据接入细则（试行)》中风险类型是依据事故、伤害类型和煤炭行业特有的事故伤害类型划分，一般包括：水灾、火灾、瓦斯爆炸、煤尘爆炸、冲击地压、冒顶片帮、煤与瓦斯突出、物体打击、车辆伤害、机械伤害、起重伤害、触电、淹溺、灼烫、高处坠落、坍塌、放炮、火药爆炸、锅炉爆炸、容器爆炸、其他爆炸、中毒和窒息、职业病伤害(粉尘、噪声、辐射、热害等)及其他。

煤矿应严格按照规定的风险类型划分标准执行，不得自行调整或拆分，便于数据上传至陕西省煤矿安全双重预防机制综合监管平台后进行统计分析。

【原文】

5.1.6 辨识方法

安全风险辨识方法包括但不限于：

——安全检查表法见附录 A.3；

——经验分析法见附录 A.4；

——作业危害分析法见附录 A.5。

【解读】

安全检查表法(可参考附录 A.3)适用于煤矿设备设施类辨识对象的安全风险辨识；经验分析法一般针对风险点内环境因素进行风险辨识，也可以利用经验分析其他类型的辨识对象。经验分析方法与理论分析方法相对，实际工作中需要安全、技术人员采用头脑风暴法等共同辨识某一风险点内的风险。其方法示例可参考附录 A.4。作业危害分析法主要针对作业活动进行风险辨识。实际操作中针对某项作业活动，将其分解为若干连续的工作步骤，识别每个工作步骤的潜在风险，其方法示例可参考附录 A.5。

【原文】

5.2 安全风险评估

5.2.1 评估方法

风险评估方法包括但不限于：

——风险矩阵法，见附录 B.1；

——作业条件危险性评价法，见附录 B.2；

——重大风险直接认定法，见附录 H。

【解读】

风险矩阵法，该方法按照风险发生的概率、特征、损害程度等技术指标，由风险发生的可能性和可能造成的损失评定分数，进而确定相应的风险等级，其计算公式是：

$$R=L\times S$$

式中，L 表示危险事件发生的可能性；S 表示危险事件可能造成的损失。（式中参数取值和评估示例可参见附录 B.1）

作业条件危险性评价法（LEC）用与系统风险有关的三种因素指标值的乘积来评估风险大小。这三种因素分别是：L（事故发生的可能性，likelihood）；E（人员暴露于危险环境中的频繁程度，exposure）；C（发生事故可能造成的后果，consequence）。

给三种因素的不同等级分别确定不同的分值，再以三个分值的乘积 D（危险性，danger）来评估作业条件危险性的大小，即：

$$D=L\times E\times C$$

式中参数取值和评估示例可参考附录 B.2。

重大风险可参照附录 H 进行直接认定。

【原文】

5.2.2　安全风险等级划分

应符合 NB/T 11123—2023 中 5.4.2 的要求。

【解读】

煤矿安全风险等级的划分满足 NB/T 11123—2023 中 5.4.2 要求即可。对安全风险等级进行划分，做到让人进入厂区一目了然清楚风险点分布，安全风险等级从高到低划分为重大风险、较大风险、一般风险和低风险，分别用红、橙、黄、蓝四种颜色标示，结合煤矿生产场所制作初始安全风险四色图。风险点颜色依据该风险点下最高等级的风险确定。安全风险四色图形式未作具体要求，可采用纸质或者电子图形式。

【原文】

5.2.3 重大风险

5.2.3.1 煤矿有《重大风险直接认定情形》规定的（见附录 H)，应直接认定为重大风险。

5.2.3.2 煤矿应按照风险评估方法(5.2.1)辨识评估其他重大风险。

【解读】

本条说明了煤矿重大安全风险的主要来源，一是煤矿有附录 H 中所描述的风险情形时，直接将该种风险认定为重大风险；二是煤矿在各类风险辨识评估活动中辨识评估出的重大风险。两者结合共同构成煤矿的重大安全风险清单。

【原文】

5.3 风险管控措施

5.3.1 风险管控措施编制

风险管控措施应满足 NB/T 11123—2023 中 5.5 的要求，并将安全风险管控措施应用到作业规程、操作规程以及安全技术措施中。

【解读】

本条是对安全风险管控措施编制的要求。风险辨识评估以后，要根据安全生产法律、法规、标准及规程，安全生产标准化管理体系各要素要求等，并结合实际情况，制定安全风险管控措施。管控措施制定需遵循安全、可行、可靠的原则，即一定要保证措施的可操作性、针对性和安全性。避免出现“按操作规程执行”或“按××文件执行”这种较为笼统的管控措施。管控措施可从工程技术、安全管理、人员培训、个体防护和应急处理等方面入手，结合风险管控的目标综合制定。

【原文】

5.3.2 重大风险特别规定

煤矿应在重大安全风险区域设定作业人数上限，依照《煤矿单班入井（坑）作业人数限员规定》，在明显位置悬挂限员牌板并采取限员措施。

【解读】

本条是对有重大安全风险的作业区域限员和公示的要求。在重大安全风险的区域，煤矿必须限定作业人数，并在显著位置悬挂限员牌板和重大安全风险公示牌板。煤矿可在满足《煤矿单班入井（坑）作业人数限员规定（试行）》（矿安〔2023〕129号）文件要求的前提下，结合本矿实际设定作业人数上限并按要求悬挂牌板。

【原文】

5.4　风险分级管控

5.4.1　管控层级

应按照煤矿管理层级，逐一分解落实安全风险管控责任。上一级负责管控的风险，下一级应同时负责管控：

——重大风险由矿长负主要管控责任；

——较大风险由分管负责人、副总工程师、科室（部门）管控；

——一般风险由区队（车间）负责人管控；

——低风险由班组长和从业人员管控。

【解读】

本条是对风险管控层级的要求，煤矿风险管控层级划分为四级，分别为：矿长，分管负责人，副总工程师、科室（部门），区队（车间）负责人，班组长和从业人员。

重大风险由矿长负主要管控责任；较大风险由分管负责人、副总工程师、科室（部门）管控；一般风险由区队（车间）负责人管控；低风险由班组长和从业人员管控。

上一级负责管控的风险，下一级应同时负责管控是指，上级管控的风险在下级所属的责任范围内，下级也要同时管控。比如矿长管控全矿的重大风险，而机电副矿长也要管控机电专业相关的重大风险，同时该重大风险在哪一个区队的作业范围内，该区队也要管控。其他等级风险以此类推。

【原文】

5.4.2 分专业、分区域、分系统管控

应符合 NB/T 11123—2023 中 5.6.2 的要求。

【解读】

本条是对风险管控活动类型的要求。符合 NB/T 11123—2023 中 5.6.2 的要求即可。具体落实执行上，分专业管控和分系统管控在一定程度上有重合，煤矿可根据业务职责范围划分，分专业或分系统制定风险清单并进行管控。

【原文】

5.4.3 日常管控

安全风险日常管控，各级负责人应符合下列规定：

——矿长掌握本矿重大安全风险及管控措施并落实《煤矿重大安全风险管控方案》中重大安全风险管控措施；

【解读】

本条对安全风险日常管控提出了要求，明确每个人应该负责落实的管控措施。

首先，作为重大安全风险管控第一责任人，矿长应掌握本矿重大安全风险及主要管控措施。其次，应由矿长组织实施《煤矿重大安全风险管控方案》风险管控措施，其内涵包括以下几点：

(1) 批准《煤矿重大安全风险管控方案》；

(2) 为方案实施提供人员、技术、资金等资源保障；

(3) 关注重大安全风险管控方案的落实情况，包括指定人员监督检查、定期听取进展汇报、解决方案实施过程中出现的问题等；

(4) 保留对重大安全风险开展检查的记录。

【原文】

——分管负责人掌握相关范围的安全风险及管控措施；

【解读】

本条是对分管负责人相关范围内重大安全风险掌握的要求，这是落实风险管控职责、开展风险管控工作的前提。

【原文】

——副总工程师、科室（部门）负责人、区（队）长、班组长和关键岗位人员掌握作业区域和本岗位的安全风险及管控措施；

【解读】

本条对作业区域及岗位的安全风险及管控措施的落实相关负责人做出了要求。

【原文】

——区（队）长、班组长组织作业时对安全风险管控措施落实情况进行现场确认。

【解读】

本条规定了区（队）长、班组长对安全风险管控措施的相关工作，要求组织作业时，应先对作业区域内的安全风险管控措施实施监测、检查和确认等工作，管控落实有效方可开展作业活动。

【原文】

5.4.4　危险作业风险管控

5.4.4.1　应制定专项安全管理技术措施并进行审批。

5.4.4.2　作业前应对作业人员开展宣贯培训，确认风险管控措施。

5.4.4.3　作业过程中应随时排查问题隐患、监督并纠正违章行为。

【解读】

本条是对煤矿危险作业风险管控的具体要求：一是，要求制定专项安全管理技术措施并进行审批；二是，要求作业前对作业人员开展宣贯培训，确认风险管控措施；三是，要求作业过程中应随时排查问题隐患、监督并纠正违章行为。

【原文】

5.5 风险管控责任清单

5.5.1 风险管控责任清单应包括但不限于：风险点、危险因素、风险类型、风险描述、风险等级、检查项目（作业步骤）、管控措施以及责任岗位，风险管控责任清单样表见附录C；

5.5.2 风险管控责任清单应根据专项风险辨识和持续改进工作及时更新。

【解读】

本条规定了风险管控责任清单应包含的内容：风险点、危险因素、风险类型、风险描述、风险等级、检查项目（作业步骤）、管控措施以及责任岗位；同时规定安全风险管控清单应及时更新。

2.6 隐患排查治理

【原文】

6.1 隐患分级

6.1.1 重大事故隐患应按照《煤矿安全生产条例》（国务院令第774号）和《煤矿重大事故隐患判定标准》（应急管理部第4号令）进行判定。

【解读】

依据国家相关文件规定的重大事故隐患判定标准确定重大事故隐患。

【原文】

6.1.2　一般隐患可划分为A、B、C、D四级。

——A级：风险度高，整改难度大，应由煤矿或上级单位、部门协调整改的隐患；

——B级：风险度较高，整改难度较大，应由煤矿分管负责人或科室（部门）组织治理的隐患；

——C级：风险度一般，整改难度一般，宜由煤矿区队（车间）主要负责人组织治理的隐患；

——D级：风险度低，现场能够立即治理完成，可由跟班区队长或班组长组织治理的隐患。

【解读】

本条规定了一般隐患分级标准以及每级隐患治理的负责人或负责部门。

【原文】

6.1.3　煤矿应结合实际建立隐患认定标准数据库，并确定隐患等级，隐患认定标准数据库见附录D。

【解读】

本条规定了煤矿制定隐患标注数据库相关要求，并给出部分示例供煤矿参考。

【原文】

6.2　隐患类型

隐患按专业可划分为：

——井工煤矿按照采煤、掘进、机电、运输、通防、地测防治水、冲击地压防治、煤与瓦斯突出、安全管理和其他等专业划分；

——露天煤矿按照钻孔、爆破、采装、运输、排土、机电、边坡、疏干排水、安全管理和其他等专业划分。

【解读】

本条规定了隐患划分的专业分类。井工煤矿按照采煤、掘进、机电、运输、通防、地测防治水、冲击地压防治、煤与瓦斯突出、安全管理和其他等专业划分;露天煤矿按照钻孔、井工煤矿按照采煤、掘进、机电、运输、通防、地测防治水、冲击地压防治、煤与瓦斯突出、安全管理和其他等专业划分。为便于管理,煤矿可在上述分类之外增加新类别。

【原文】

6.3 排查方式

隐患排查方式包括但不限于:

——月度排查:矿长每月组织分管负责人、副总工程师及相关科室(部门)、区队(车间)对重大安全风险管控措施落实情况、管控效果及覆盖生产各系统、各岗位的隐患(含重大事故隐患排查整治)至少开展1次排查,月度排查相关工作流程应满足NB/T 11123—2023中6.3a)相关要求;

——专业排查:井工煤矿分管采掘、通风、煤与瓦斯突出防治、冲击地压防治、防灭火和防治水、机电、运输等工作,露天煤矿分管钻孔爆破、采装、排土、边坡、防治水和防灭火、设备检修等工作的负责人每半月组织相关人员对覆盖分管范围的重大安全风险及月度研判风险管控措施落实情况、管控效果和隐患至少开展1次排查;

——季度排查:上级公司每季度组织开展一次所属煤矿重大风险管控措施落实情况、管控效果及事故隐患排查(含重大事故隐患排查整治);

——矿领导带班排查:除满足NB/T 11123—2023中6.3e)相关要求外,矿领导在带班检查过程中还应对重大安全风险管控措施落实情况进行详实记录;

——日常排查:除满足NB/T 11123—2023中6.3d)相关要求外,还应对作业区域开展隐患排查,并结合月度隐患治理会议要求,对本单位负责的风险管控重点进行排查;

——专项排查:季节性检查、节假日检查等排查工作开展前应制定工作方案，明确排查时间、方式、范围、内容和参加人员；

——岗位排查：岗位作业人员应掌握本岗位存在的风险及管控措施，在作业前对风险管控措施进行排查确认，在作业过程中关注现场风险变化情况，做好岗位风险研判，随时排查隐患。

【解读】

本条对隐患排查工作的方式进行了规定，排查方法形式有：月度排查、专业排查、季度排查、矿领导带班排查、日常排查、专项排查、岗位排查。依据内容为安全风险管控、排查周期及范围。

【原文】

6.4　隐患治理

6.4.1　治理要求

隐患治理应符合 NB/T 11123—2023 中 6.4.1 的要求；对于重大事故隐患排除前或者排除过程中无法保证安全的，应当从危险区域内撤出作业人员，暂时停产或者停止使用相关设施、设备。

【解读】

本条规定了隐患治理的具体要求与 NB/T 11123—2023 中 6.4.1 相同。同时规定当作业中无法保证安全时，应秉持以人为本原则，先撤人员，暂时停产。

【原文】

6.4.2　分级治理

煤矿应根据隐患的等级实行分级治理。重大事故隐患由矿长牵头治理；一般隐患根据治理难度和涉及范围分为 A、B、C、D 四级，并确定治理责任部门或责任人。

【解读】

本条规定了对隐患实行分级治理的要求，明确了重大事故隐患组织人，同时将一般隐患分为 A、B、C、D 四等级。

【原文】

6.4.3 隐患督办

6.4.3.1 重大事故隐患督办应符合 NB/T 11123—2023 中 6.5.1 的要求。

6.4.3.2 一般隐患治理督办的责任单位(部门)和责任人员应符合下列要求。

——A 级隐患由煤矿治理,督办和验收由分管负责人组织实施;

——B 级隐患由科室负责治理,安全管理部门负责督办,煤矿负责验收;

——C 级隐患由区队(车间)负责治理,安全管理部门负责督办,业务科室负责验收;

——D 级隐患由班组负责治理,区队(车间)、安检员负责督办和验收。

6.4.3.3 对未按规定完成治理的一般隐患应提级督办。

【解读】

本条规定了重大事故隐患督办的基本要求应满足 NB/T 11123—2023 中 6.5.1 的要求,并对一般隐患治理督办的责任单位(部门)和责任人员提出相关要求,同时对提级督办情形进行了规定。

【原文】

6.4.4 验收销号

煤矿应根据隐患等级和隐患来源进行验收销号:

——重大事故隐患整改、验收结果应形成书面报告,经煤矿主要负责人签字,按规定上报;

——煤矿安全监管监察部门检查发现的一般隐患,治理完成后报告发现部门或其委托部门(单位);

——煤矿上级单位检查发现的一般隐患,治理完成后应将验收结果报告煤矿上一级单位确认;

——煤矿自行排查发现的一般隐患，验收销号应符合 NB/T 11123—2023 中 6.6a)的要求。

【解读】

本条规定了隐患验收销号的基本要求，以及不同隐患等级与来源采取的相应流程。

【原文】

6.5 隐患台账

隐患台账应符合 NB/T 11123—2023 中 6.7 的要求，还应包含隐患治理的全过程及外部单位检查发现的隐患，隐患台账样表见附录 E。

【解读】

本条规定了隐患台账的基本内容。

煤矿隐患台账内容主要包括：排查日期、排查类型、排查人、隐患地点(风险点)、隐患描述、专业、隐患等级、治理措施、责任单位、责任人、督办单位、督办人、治理期限、验收人、销号日期等，但不限于这些。

2.7 不安全行为管理

【原文】

不安全行为管理应符合 NB/T 11123—2023 中 6.8 的要求，还应满足下列要求：

——按照不安全行为可能造成的危害程度，至少划分为严重不安全行为和一般不安全行为。

——分管安全负责人应每月对不安全行为进行分析，制定不安全行为管控措施，不断减少员工不安全行为，杜绝不安全行为发生。

——应结合实际制定煤矿不安全行为认定标准数据库，样表见附录 F。

【解读】

本条是对不安全行为管理的要求，根据不安全行为可能造成的危害程度的不同，分为严重不安全行为和一般不安全行为；对分管安全负责人做出了要求，要求对不安全行为进行分析，同时制定不安全行为管控措施并要求煤矿制定不安全行为认定标准数据库。

2.8 信息系统建设

【原文】

8.1 基本要求

信息系统建设应满足 NB/T 11123—2023 中 9.1 的要求，还应满足以下要求：

——实现对《煤矿重大安全风险管控方案》落实的全过程信息化管理；

——实现对危险作业的流程审批、过程管控，宜对危险作业过程保留视频记录；

——实现对不安全行为治理的信息化管理，能够对不安全行为进行记录、统计、分析；

——实现风险与隐患的统计分析、风险预警和权限分级管理，实现风险与隐患数据应用的无缝对接；

——针对风险隐患数据的采集和传递，宜使用移动终端以提高安全信息管理的效率。

【解读】

本部分对安全双重预防机制的信息化建设提出了明确的基本要求。煤矿应采用信息化的手段建设安全双重预防机制，为实现安全双重预防机制日常运行的信息化管理，安全双重预防管理系统或平台应该包括但不限于如下的基本功能：实现对安全风险记录、管控、统计、分析、上报等全过程的信息化管理，形成风险清单；实现对《煤矿重大安全风险管控方案》落实的全过程信息化管理;实现对危险作业的流程审批、过程管控,宜对危险作业过程保留视频记录;实现对隐患排查治理记录统计、过程跟踪、逾期报警、信息上报的信息化管理;实现对不安全行为治理的信息化管理,能够对不安全行为进行记录、统计、分析;实现风险数据库和安全风险管控清单的更新维护功能。实现风险隐患一体化管理,具备对安全风险、隐患及“三违”数据从不同维度进行统计分析、风险预警和权限分级管理等功能,实现风险与隐患数据应用的无缝对接。针对风险隐患数据的采集和传递,宜使用移动终端以提高安全信息管理的效率。

安全双重预防机制建设及运行,关系到煤矿安全管理工作的方方面面,呈现出工作内容多、流程多、参与人员多、内业资料多等特点,如果采用传统的手段进行建设和运行,则会给企业带来极大的压力和负担,也是不现实的,因此有必要利用计算机技术,采用信息化技术手段,对安全双重预防机制建设和运行过程中的重复性、流程化、标准化的工作进行管理,达到减少工作量、提高效率、保证质量的目的。

本标准条文规范是对安全双重预防管理信息系统或平台最基本的要求,在具体实施过程中,煤矿(企业)可以根据自身实际情况,提出个性化的需求,对信息化平台的功能进行补充和完善,增强其功能,确保与煤矿实际安全双重预防业务流程保持一致。

【案例】

依据《规范》中对双重预防机制信息平台建设的工作要求,L 煤矿与中国矿业大学安全科学与应急管理研究院合作研发了煤矿安全双重预防管理信息平台。该信息平台能够实现与上级政府监管平台的数据联网,向煤矿安全监管监察部门报告本企业的安全风险分级管控和隐患排查治理情况。

煤矿安全双重预防机制管理信息平台依照《规范》等要求开发,功能包括安全风险分级管控、隐患排查治理、安全决策分析、风险动态预警、持续改进、双防文档及培训考核管理等。系统功能结构设计如图 2-2 所示。

系统能够在主界面上显示、统计各项数据,如待办任务、风险及隐患信息、管控记录、双防工作概况、风险类型分布、隐患专业分布、通知公告等,更直观地向用户展示双重预防信息平台中数据的实时变化,有力支持了 L 煤

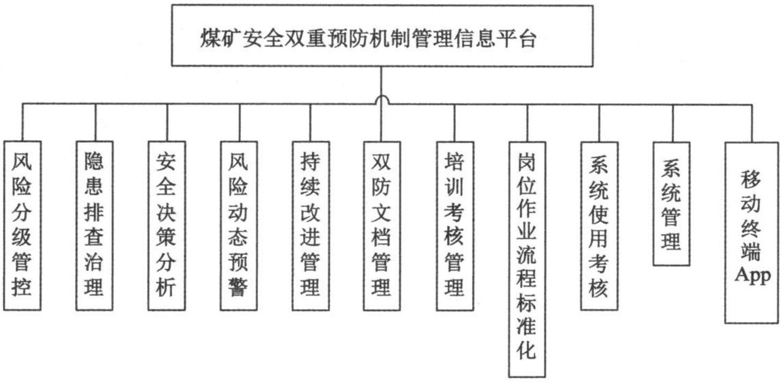

图 2-2　双重预防机制管理信息系统功能架构图

矿的双重预防机制运行工作。系统主界面如图 2-3 所示。

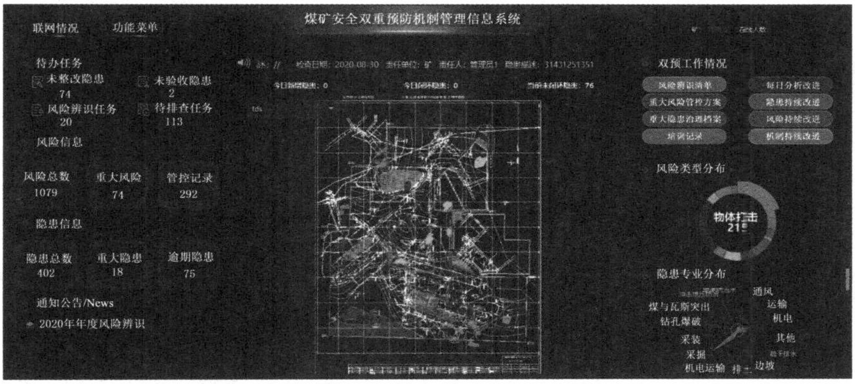

图 2-3　平台主界面

为了方便应用，L 煤矿和中国矿业大学安全科学与应急管理研究院还开发了双重预防移动端 App 版本。移动端 App 界面如图 2-4 所示。移动端 App 版本更加方便实用，极大减少了数据录入工作量，具备风险隐患管理、风险跟踪、责任落实功能，风险清单（含管控措施）在井下现场通过手持移动端自动推送给检查人员，检查人员确认管控措施有效性，管控措施落实不到位直接跳转生成隐患描述，可对事故隐患进行详细的文字输入、图片传输、实时录音的上传，上传后隐患信息同步至电脑客户端系统。在井下具备网络的条件下，使用手持移动端能够进行井上下视频通信、语音聊天、

图 2-4　移动终端 App 界面

文件的传输等。

智能移动 App 还具备短信、企业微信（以矿为单位建立企业微信群）提醒功能，且可提供对外的业务数据接口。可在线和离线使用，离线状态下使用，可以在连接网络后一键上传数据。

【原文】

8.2　智能化建设

应将智能化安全双重预防机制纳入煤矿智能化建设总体规划，将人员定位、监测监控系统数据接入安全双重预防信息系统，并逐步扩展到环境、设备、不安全行为、工业视频等领域，实现对主要灾害、动态风险的动态评估、预测预警。

【解读】

煤矿在建立双重预防信息平台的基础上应将安全双重预防智能化纳入智能化建设规划，包括：将安全双重预防信息系统与人员定位、监测监控系统数据整合，消除煤矿各系统间的壁垒，实现数据的融合利用。信息平台预留数据接口，可根据需要接入安全监控、人员位置监测、工业视频监测、设备工况监测等感知数据。宜将安全双重预防信息系统数据采集扩展到环境、设备、不安全行为等领域。实现对主要灾害动态风险的动态评估、预测预警，对存在重大安全风险的工作场所和岗位，加强在线巡查检查，强化危险因素监测和预警。

【原文】

8.3　数据联网

信息系统应能实现与煤矿安全监管部门、上级单位的数据联网。

【解读】

煤矿（企业）应确保其煤矿安全双重预防管理信息系统能够满足属地煤矿安全监管部门、上级公司的数据联网要求，以便上报企业的安全风险分级管控和隐患排查治理数据。

【原文】

8.4　运维与安全

煤矿应制定信息系统使用、维护、安全管理制度，明确责任部门及工作职责。

【解读】

为确保煤矿安全双重预防管理信息系统的有效运行，各类煤矿应制定完善的使用、维护制度。明确各级管理人员、技术人员对系统的使用要求，明确信息系统运维的责任部门，以及运维工作的职责、内容。

2.9 持续改进

【原文】

9.1 安全风险研判

9.1.1 月度总结分析

月度总结分析应满足 NB/T 11123—2023 中 11.2 的要求，还应包括以下内容：

——通报安全风险管控责任落实情况；

——通报月度危险作业管理情况、月度不安全行为管理情况；

——结合国家、地方政府或上级企业出台的法律、法规、政策、规定、办法和煤矿风险管控落实情况补充辨识新风险、完善相应的风险管控措施，更新安全风险管控清单；

——研判下月重点管控的安全风险，布置管控任务。

9.1.2 专项会议

出现重大事故隐患或发生安全生产事故，责任煤矿应召开专项会议。

【解读】

本部分对安全风险研判中月度总结会议的具体内容以及特定情况下需要召开的专项会议提出了具体要求，旨在跟进并提高安全双重预防机制运行效果。月度总结分析除满足 NB/T 11123—2023 中 11.2 的要求外，还应增加以下内容：一是，对安全风险管控责任落实情况进行通报；二是，对月度危险作业管理情况、月度不安全行为管理情况进行通报；三是，要结合国家、地方政府或上级企业出台的法律、法规、政策、规定、办法和煤矿风险管控落实情况补充辨识新风险、完善相应的风险管控措施，更新安全风险管控清单；四是，研判下月重点管控的安全风险，布置管控任务。

【案例】

L矿月度分析总结会议

L矿矿长于2023年×月×日在矿调度会议室，组织各分管负责人以及安全、生产、技术、机电、运输、通风等各部门、区队单位负责人召开月度安全分析总结会议，会议程序和内容如下：

（一）风险辨识、管控存在的问题

L煤矿按照要求开展了安全风险辨识，编制了风险辨识评估报告，辨识对象包括作业环境类、设备设施（系统）类和作业活动类等方面。参会人员结合国家、省、市、县、集团公司最新出台和修订的法律、法规、政策、规定、办法等，经过认真分析后一致认为，现有风险清单内的管控措施落实情况较好，但在风险辨识全面性和管控措施有效性等方面存在以下几个问题：

(1) 7110工作面安装完毕开始回采，回采过程中7110带式输送机平巷受工作面自身回采动压和7109采面（采空区）余压叠加影响，带式输送机平巷超前煤壁150 m范围内U形棚顶梁和棚腿变形严重，巷道断面严重不足。一方面由于巷道顶板矿压显现明显，顶板下沉导致U形棚顶梁压在转载机桥架段，影响转载机拉移和正常运行；另一方面由于巷道断面缩小，进、回风巷风速超限，不符合《煤矿安全规程》中综采工作面风速不得超过4 m/s的要求。这条风险属于新增风险，现有措施无论是巷道挑顶修护还是起底，都已不能解决巷道变形速度快、影响范围大这一突出问题，需要采取创新性的防控措施来解决。

(2) 风险辨识对工作面存在的2 m以上大落差断层带来的认识不足，缺少工作面过断层全岩段时水害风险的辨识，现有措施无法应对水害风险带来的隐患。

(3) 7222综采工作面位于大水沟河床两侧，河床内存在第四系强含水层，煤层上部基岩隔水层较薄，现已提前采用物探识靶、钻探疏放水等措施进行放水，但是目前工作面两顺槽排水能力不足，如遇到顶板溃水极有可能造成人员伤亡和设备损失，间接影响本年度矿井产量，损害企业形象，带来较坏社会影响。

（二）风险辨识、管控改进措施

第一条问题属于新增风险，应进行补充辨识。针对 7110 带式输送机平巷顶板下沉速度快、巷道变形严重的情况，现决定：一，超前支护架棚长度由原来 100 m 延长到 200 m，支护方式（铰接顶梁配合单体支护）由原来一梁一柱改为一梁两柱；二，对已产生变形的巷道范围加快修护速度，保证工作面正常采煤。

第二条问题是工作面过断层期间的风险辨识不全面，应补充辨识水害风险。针对过断层期间的水害风险，编制措施如下：

（1）完善排水系统。过断层期间工作面内部配备安装 2～3 台风泵，下出口安装 1 台潜水泵，设置临时水仓。

（2）在工作面支架间出现淋水的地点布设防水雨布，把淋水直接导入工作面风泵处，防止工作面底板受淋水影响导致岩石碎胀，造成推溜和移架困难。

（3）针对第三条问题，补充完善管控措施，设计大容量排水仓，水仓配置的潜水泵排水能力必须在 300 m^3/h 以上。另外，开展矿井避灾知识、自救互救知识、突水征兆等安全知识培训，提高作业人员安全意识和自救互救能力。

（三）通报重大隐患排查治理情况

根据去年底编制的年度重大隐患排查计划，本月重点排查了 4020 工作面瓦斯抽采系统，瓦斯抽放泵和抽放管路等设备设施均未发现隐患，系统各项指标参数正常，矿井不存在重大隐患。

（四）通报现场隐患排查情况

本次月度安全检查共查出隐患 39 条，所有隐患均已填写《事故隐患排查整改反馈单》落实责任单位限期整改，各专业隐患数量和主要问题列举如下：

（1）采煤专业：查出问题 3 条，主要是工作面支架前梁不接顶、联网不合格等问题。

（2）掘进专业：查出问题 10 条，主要是巷道成型、锚杆质量控制不稳定，两帮拖脚，锚杆预紧力低、外露丝超长，联网不合格，废旧锚杆不清理等问题。

(3) 机电专业:查出问题 10 条,主要是回柱机盘绳乱、电缆吊挂不合格等问题。

(4) 运输专业:查出问题 1 条,轨道运输大巷轨道枕木歪斜、安全设施不合格。

(5) 通风专业:查出问题 12 条,主要是喷雾设施不合格,传感器吊挂不规范,防尘管配备不齐全,沿线防尘不及时等问题。

(6) 地测防治水专业:查出问题 2 条,主要是水沟设施施工滞后,水沟堵塞、煤泥多等问题。

(7) 其他专业:查出问题 1 条,主要是噪声牌板填写滞后、不规范等问题。

(五) 分析隐患产生根源,提出改进措施

采煤、掘进、机电等专业存在的问题主要是现场工程质量问题,反映出个别单位和班组要求不严,标准不高,管理松懈,考核不到位,属于管理问题,要求矿安监科加大对区队管理的考核力度,倒逼区队加强工程质量管理,对反复出现的隐患加大处罚力度。

机电专业隐患根源主要是轨道运输大巷服务年限长,安全设施出现老化和失效现象,机电科应予以重视,及时更换不合格的安全设施和腐朽的枕木。

通风专业存在的隐患反映出我矿在通防基础设施管理方面还存在短板,该配备防尘管的地方还未配备,影响及时消除巷道积尘,计划下一步 5 天内配齐防尘管路。其他通风专业隐患和牌板填写滞后问题属于管理问题,下一步加强落实,严格考核管理。

地测防治水专业存在的隐患主要原因是修护区有一部分人员抽调到 4019 进风巷修护施工,导致目前水沟施工人员紧张。下一步计划抽调机电队部分人员参与水沟施工,两天内清除淤泥疏通水沟。

(六) 本月重大风险管控落实情况

本月安全风险管控措施落实情况比较好,重大风险管控到位,没有出现措施失效情况。

(七)下月重点管控的安全风险及管控任务

【原文】

9.2 机制运行提升

9.2.1　煤矿矿长每年应组织分管负责人、副总工程师、相关业务科室(部门)至少进行1次安全双重预防机制的运行分析，对煤矿安全双重预防机制的各项制度与流程在本矿内部执行的有效性、全年安全生产责任制考核结果和对法律法规、规程、规范、标准及其他相关规定的适宜性进行评价。

9.2.2　应通过评估体系实施运行效果，适时调整相关制度、流程、职责分工等内容，并形成安全双重预防机制年度运行分析报告。

【解读】

本部分对煤矿安全双重预防机制的运行提升提出了具体要求，旨在优化、提升安全双重预防运行机制，提高安全双重预防机制运行效率及效果。

安全双重预防机制建设整体上要实现三个闭环管理，机制的闭环管理在风险和隐患两个闭环管理之外对安全双重预防机制起到优化和提升作用。

每年应由煤矿矿长组织总工程师、分管负责人、副总工程师及安全双重预防机制运行的相关业务科室(部门)至少进行1次安全双重预防机制运行分析会议，总结本年度安全双重预防机制运行情况，梳理安全双重预防机制运行过程中存在的问题，对煤矿安全双重预防机制的各项制度与流程在本矿内部执行的有效性、全年安全生产责任制考核结果和法律法规、规程、规范、标准及其他相关规定的适宜性进行评价，评估安全双重预防机制运行效果，针对运行过程中存在的问题提出合理改进建议，适时调整相关制度、流程、职责分工等内容，完善相关制度文件，并形成安全双重预防机制年度运行分析报告，用于指导下一年度安全双重预防机制运行。

需要注意的是，煤矿安全双重预防机制体系年度运行提升可以在煤矿安全生产标准化管理体系的年度运行提升中同时予以说明，也可单独进行。

【案例】

机制运行提升案例

2023年12月26日，L矿矿长张××主持召开年度安全双重预防机制运行分析会议，各分管矿领导和业务科室、区队主要负责人参加会议，会议分析了目前L矿安全双重预防机制运行过程中存在的问题，评价了当前运行效果，并提出了安全双重预防机制运行提升的若干建议，主要内容如下：

（一）安全双重预防机制运行现状

矿成立了领导小组，在安监科设立了安全双重预防办公室，配备专职2人、兼职2人。建立了安全双重预防工作机制：按照煤矿安全生产标准化要求，定期开展安全风险分级管控和事故隐患排查治理；建立了安全双重预防机制考核体系。通过每周一例会、每周一考核、每月一通报的“三个一”管理考核模式，动态对工作落实不到位的单位进行考核。共排查风险点53个、安全风险1 724条，并针对每条风险制定了管控措施。

L矿结合各层级实际，制作PPT课件，因人施教：采取了矿领导“一对一”培训、安全生产例会协同培训、副总及部室主任专项培训、生产单位每周动态培训等多种途径相结合的方式开展培训。

在安全双重预防机制信息化应用方面，L矿双重预防办公室与系统开发技术人员进行了沟通、协调，对双重预防管理信息系统进行了优化：

(1) 按照井上下场所不同对矿图进行了区分，调整为煤矿采掘工程平面图和煤矿工业广场平面图等，突出层次，简单明了。

(2) 双重预防系统短信提醒。将各级管理人员的手机号码与本人系统账号绑定，用短信及时提醒各级管理人员开展双重预防工作，落实相关人员双重预防职责。

(3) 对风险点分类管理，为便于查询和管理，将风险点分为一盘区、二盘区、三盘区和辅助地点四大类。

(4) 隐患双重预警。优化信息平台功能，实现超期报警和即将到期的隐患变色提醒。

（二）评审问题

(1) 风险数据库存在的问题

2022年年底L矿安全部门组织各专业人员开展基础数据库建设，用以指导风险分级管控和隐患排查治理。在运行过程中，基础数据库还存在一些和现场实际不相符的情况，双重预防管理信息系统在风险动态更新和完善方面需要继续优化，确保风险清单精准、合理、针对性强，能够持续更新。

(2) 风险分级管控和隐患排查治理存在的问题

1）风险分级管控

① 个别人员对风险点划分认识不同，理解不一致，导致风险点排查有遗漏。个别单位未按要求划分风险点，未按规定划分风险等级，重大、较大风险管控层级不符合要求。

② 没有在现场检查过程中管控风险、落实管控措施有效性，而是根据隐患问题对照风险清单逐条落实未管控到位的风险。未按照把风险分级管控挺在隐患前面的思路开展安全双重预防机制工作。

③ 部分作业规程、操作规程、安全技术措施等未正确应用风险评估结果。

④ 部分领导和员工对双重预防工作机制的重要性和具体工作办法认识不足、理解不够，支持和参与力度有待提高。

2）隐患排查治理

目前，L矿月度隐患排查的问题全部由安监员现场验收，但安监员个人专业知识经验有限，在复查过程中对有些隐患整改的效果不能下结论，存在个别仍有隐患的责任单位蒙混过关的现象。

（三）安全双重预防机制运行效果评估

经过一年的建设和实践，L矿安全双重预防机制已建成基本组织架构和工作流程，但在运行和管理方面还存在一些问题，主要表现在安全双重预防机制在现场执行落实力度不够，业务流程上存在不合理之处，监督考核方面存在缺陷和短板，具体评审意见如下：

（1）符合性评审结论：部分符合。

行政管理架构满足安全双重预防机制运行要求，管理模式部分环节、内容、流程与安全双重预防机制要求不符。

（2）充分性评审结论：符合。

安全双重预防机制运行基本覆盖全部岗位、全部流程。

双重预防培训效果较好：作业场所重大风险和岗位风险培训全覆盖，管理技术人员风险辨识培训定期开展，技术员（含）以上管理人员基本能够熟练操作双重预防管理信息系统。

（3）有效性评审结论：部分符合。

能够应用基础风险数据库开展风险分级管控和隐患排查治理。

风险管控业务流程有瑕疵，机制运行的有效性需提高。

（四）改进建议

今年到目前为止，国家、地方、集团公司暂未出台或修订有关安全双重预防机制的法律法规、规程、规范、标准及其他相关规定，因此结合本矿实际情况提出具体改进建议如下：

（1）尽快提高风险点排查质量，全面分析、评估风险等级和管控措施适宜性，提高风险数据库的有效性和实用性。

（2）年度和专项风险辨识评估后，应及时明确矿长、分管领导、部室、区队的风险管控清单，便于落实风险管控职责。

（3）修订《L煤矿风险分级管控工作制度》中关于风险管控周期、内容和方式等相关内容，进一步升级、优化双重预防管理信息系统，借助手持移动终端，根据管控场景推送相应风险，落实风险管控措施有效性，及时排查失效环节、记录隐患问题，治理、整改事故隐患，解决风险分级管控和隐患排查治理“两张皮”以及管理和系统“两张皮”的问题，真正把风险管控作为隐患排查的前提和基础，确保我矿安全双重预防机制能够在工作现场落地。

（4）修订《L煤矿事故隐患排查治理工作制度》中有关事故隐患督办和复查的要求，把月度隐患排查查出的隐患问题按照专业划分督办责任和验收责任，安排由相应专业科室负责验收、销号，隐患闭环治理台账定期报送给安监科审核、存档。

（5）修订安全生产责任制内容，体现双重预防工作职责，加大安全双重预防机制培训力度，做到人人知晓双重预防工作职责。

（6）完善《L煤矿风险分级管控工作制度》中有关风险辨识评估结果应用的要求，加强管理考核，对未在规程措施、方案设计中体现风险辨识结果应用的个人和单位明确考核标准。

2.10 档案管理

【原文】

10.1 应满足NB/T 11123—2023中12.1的要求，并对煤矿危险作业管理台账存档记录。

【解读】

本条规定是对煤矿安全双重预防机制建设和日常运行管理中的文档资料的存档要求，明确了需要建档资料的内容。

安全双重预防机制建设及运行过程中，相关资料可采用纸质或电子版形式进行留存，材料宜分类建档管理，类型包括：风险点台账、安全风险台账、年度和专项辨识评估文件，重大事故隐患排查计划、排查记录、治理方案、治理记录材料，月、半月度检查记录，危险作业管理台账、隐患台账、不安全行为台账，月度分析总结会议记录和报告以及安全双重预防机制年度运行分析报告等。这里建议煤矿结合信息化管理，将材料电子化，方便保存记录的同时也方便各部门间交流和上级检查时随时调阅，节省人力。

【原文】

10.2　年度和专项风险辨识报告、重大事故隐患信息档案或电子档案及其他隐患销号后相关性文件保存不少于2年。

【解读】

本条是对双重预防机制运行中重要材料的保存期限的要求。如原文所述，年度和专项安全风险辨识报告、重大事故隐患信息档案及其他相关性文件保存不少于2年，电子版档案与纸质版档案有同等效力。

3 陕西省煤矿安全双重预防机制建设运行概述

3.1 煤矿安全双重预防机制建设运行的步骤

安全双重预防机制虽然与企业原有的隐患闭环管理有一定的继承性，但其管理思想、流程、工具等都有着显著的不同，因此煤矿必须要重视双重预防机制的建设、运行和提升，要充分体现双重预防机制的内涵，遵守双重预防机制建设步骤。

企业双重预防机制建设和运行的一般步骤包括以下几个阶段(图 3-1)：

(1) 学习培训，成立组织机构；

(2) 明确工作职责；

(3) 建立工作制度；

(4) 安全风险辨识与评估；

(5) 管控措施制定与安全风险管控责任清单编制；

(6) 安全双重预防机制信息化、智能化平台建设与数据初始化；

(7) 安全风险研判与隐患排查计划；

(8) 隐患排查(风险分级管控)、治理、验收；

(9) 安全双重预防机制考核与持续改进。

上述建设、运行逻辑可以大致分为建设和运行两个阶段。双重预防机制建设阶段为双重预防机制提供组织、人员、责任、制度、数据、落地工具等基础，保证双重预防机制有运行的基础条件。双重预防机制运行阶段则在上述基础上开展日常的具体工作，包括安全风险研判与隐患排查计

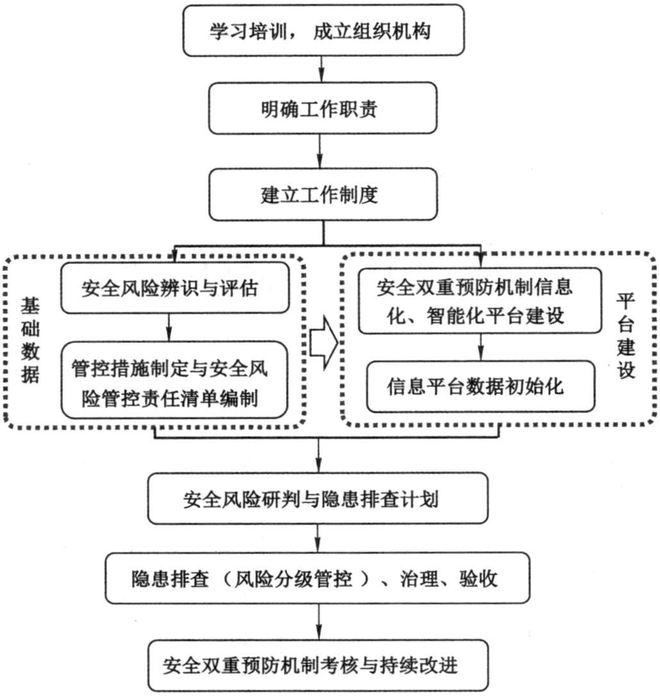

图 3-1　双重预防机制构建逻辑图

划、日常隐患排查（风险分级管控）、治理、验收工作，以及面向双重预防机制运行质量、建设质量提升的考核与持续改进。整体而言，双重预防机制建设和运行遵循 PDCA 逻辑框架，这也为其与其他管理方法、体系等融合奠定了基础。

上述双重预防机制建设过程主要划分了工作阶段，可称为广义流程，具体到操作层面，可以对风险辨识评估等内容进行细化，可称为狭义流程，如图 3-2 所示。

在上述流程中，“风险管控”环节只包含对风险辨识评估的结果确定管控责任部门、人员，对于非岗位层面要编制风险管控清单，对于岗位层面则要制作岗位风险告知卡。这两者的思路并不相同，不同点在于是否考虑到在岗位层面如何有效落实风险管控。未来企业要进一步将风险管控延伸到岗位，可以在其基础上不断完善。可以说，“风险管控”环节及其之前的内容

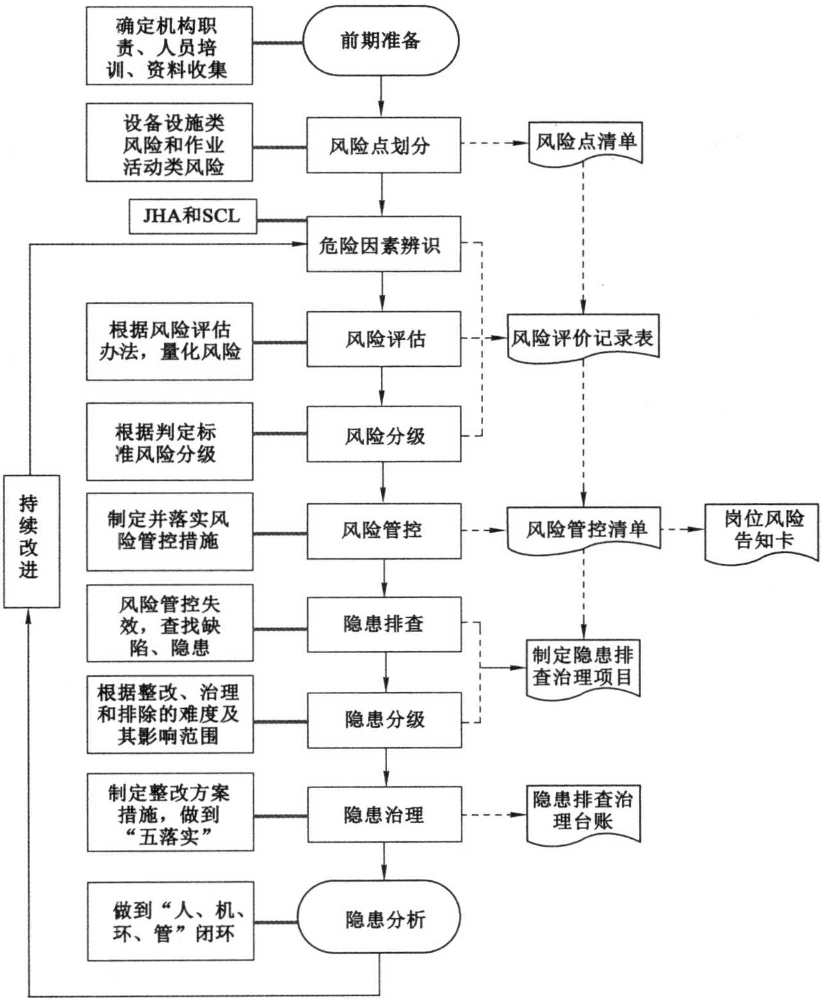

图 3-2　双重预防机制建设运行操作逻辑图

都属于双重预防机制建设阶段的工作，后续的“隐患排查”“隐患分级”“隐患治理”和“隐患分析”才是双重预防机制日常运行的内容。但是这里面的“隐患排查”应该是针对安全风险管控清单确定排查治理项目，而不是以往根据检查人员经验的隐患排查模式。

3.2 煤矿安全双重预防机制深化与运行的步骤

随着安全生产标准化及其管理体系将“安全风险分级管控”“事故隐患排查治理”两个要素纳入其中，经过多年的安全生产标准化创建、验收，几乎所有的正常生产煤矿在一定程度上开展过双重预防机制建设，也大多建有双重预防管理信息系统。但出于各方面原因，很多企业的双重预防机制建设并没有达到预期的效果，信息系统也没有真正运行起来。因此，对于很多煤矿而言，其双重预防机制建设、运行任务更多是在原有的基础上不断深化、运行。

如图3-3所示，对于有效运行的企业，一方面要完善持续改进机制，保证双重预防机制能够长期运行；另一方面可以从体系和系统两方面进一步提升，体系方面，集成企业各个安全管理方法，形成一个全面的安全管理体系，系统方面，增加数据集成，强化信息平台功能，在简化工作的同时，实现对风险的超前管控。

如图3-3所示，对于非有效运行的企业，则应分析存在的问题，有针对性地制定改进措施，从体系和系统两方面，完善双重预防机制，使其能够尽早运行起来。

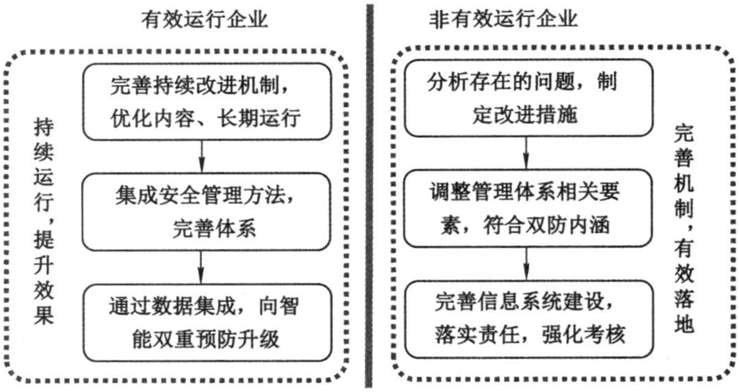

图3-3　已建设双重预防机制的煤矿深化、运行双重预防机制流程图

企业在改进、完善双重预防机制时，一般可以从以下六方面进行考虑：

(1) 组织机构

要重视领导作用，同时明确机制建立和运行的机构，确保有人负责。机构不需要是专门部门，但一定明确责任部门。

(2) 思想与方法培训

通过学习和培训，使所有员工，尤其是领导和关键技术管理岗位的员工意识到安全双重预防机制的意义，了解双重预防机制理论，掌握与自身责任相关的双重预防机制方法。企业尤其要解决一些关键的困惑，提前澄清误解，及时修改责任、流程、数据等方面的错误。

(3) 风险流程完善

要根据《指南》完善安全风险辨识流程，尽可能建立面向现场的风险管控流程，尤其是重大风险管控流程和岗位风险管控流程。保证各部门、岗位既能够履行各自责任，也不会增加工作复杂性。

(4) 流程重组

流程重组是指企业要根据双重预防机制的内在逻辑和信息技术、智能化技术的潜力，创新自身双重预防机制内容、流程等，尤其是确保风险隐患流程一体化管理，处理好风险管控和隐患排查的关系，进而将企业个性化管理体系、方法纳入双重预防机制框架，将各方面要求融合成一个完整的管理体系。

(5) 信息系统优化、使用

由于双重预防信息系统的重要性，可以说当前离开信息系统谈煤矿双重预防机制运行几乎是不可能的，但当前很多企业的双重预防信息系统本身又存在明显的问题。因此对双重预防信息系统进行优化，确保信息系统流程与企业实际安全管理流程一致，是煤矿企业深化双重预防机制的重点工作之一。

即使企业的双重预防信息系统能够使用，随着新信息技术的应用、企业自身信息系统的完善，以及企业和政府对双重预防机制效果要求的日益提升，企业也应不断升级自身的双重预防信息系统，为双重预防机制的运行提供工具支持。

(6) 建立、运行考核制度

在从原有安全管理体系向双重预防机制转型的过程中，对各方在双重预防机制下的责任履职情况进行考核是非常重要的一项措施，其中信息系统使用考核制度是重要的组成部分之一。

从整体而言，企业要能够有效运行双重预防机制并取得预期的效果，必须要通过一系列改进措施，最终满足以下几方面的要求：双重预防机制必须科学，满足《规范》要求，符合双重预防机制逻辑；安全风险辨识数据科学、完整、可操作；双重预防信息系统符合双重预防内涵要求，功能强大、易于操作；企业主要负责人等理解双重预防机制，全力支持、带头使用双重预防机制；企业员工愿意用、会使用双重预防信息系统。

3.3 煤矿安全双重预防机制建设运行的参与人员与责任

如前文所述，双重预防机制建设和运行是两个紧密联系又不完全一样的工作。所以，在不同阶段，参与的人员以及人员的责任并不相同。

（1）双重预防机制建设阶段的参与人员与责任

建设阶段目的是确保有双重预防机制，观点的不同主要集中在风险辨识评估的人员上。一些企业认为应全员参与辨识，另一些企业则认为只需管理和技术人员参与辨识评估，岗位层面以执行落实为主。两方面的意见都有其合理性，考虑到工作复杂性以及工作质量，我们倾向于采用第二种方案。除了《规范》中列出的各级、各部门责任外，这里只列出部分参与人员的主要、具体工作责任。

1）主要责任人

- 参与培训，了解双重预防知识；
- 组织建设双重预防机制，给与资源、管理支持；
- 推进安全双重预防建设，解决建设遇到的问题。

2）安全生产管理部门

- 组织、开展培训，使各部门了解、支持安全双重预防建设；
- 具体负责、分工、协调各部门开展安全双重预防建设工作；
- 确定安全双重预防建设的标准、规范、模板等；
- 检查、指导各部门建设成果，确保建设质量；
- 牵头负责双重预防信息系统建设、测试等工作；
- 牵头负责双重预防信息系统数据初始化、培训等工作。

组织、具体负责建设的人员，要知道该怎么做、做成什么样子，要确定安全双重预防建设的标准、规范、模板等。当然，这里的负责建设，不是说所有工作都是安全生产管理部门做，而是由安全生产管理部门牵头。各类的数据库主要由相关业务部门完成，双重预防管理信息系统要在充分理解双重预防机制的基础上，与技术合作方紧密配合完成。

3）其他分管人员

• 参与培训，了解安全双重预防机制，清楚自身职责；

• 在分管范围内推进安全双重预防工作，给与资源支持；

• 审核分管范围内相关资料，包括制度、数据库等。

4）技术和管理科室

• 参与培训，了解自身职责；

• 选定人员，参与设备设施类、作业环境类危险因素辨识评估、责任确定，并审核修改；

• 对双重预防信息系统提出修改意见，学习系统使用。

5）车间班组

• 参与培训，了解自身职责；

• 参与作业活动类危险因素辨识评估等工作。

（2）双重预防机制运行阶段的参与人员与责任

比双重预防机制建设更加重要的是要运行。在运行阶段必须改变企业原有的安全管理思想、方法，将第一阶段建设的成果应用到日常的各项安全管理工作中去。这里也只列出部分参与人员的主要、具体工作责任。

1）主要责任人

• 按照职责开展重大风险管控、隐患治理；

• 重视、督促全公司双重预防机制运行；

• 主动关注、使用双重预防机制结果，引导企业使用；

• 组织运行情况年度评估分析；

• 讨论、解决影响安全双重预防机制运行、改进的关键问题。

2）安全生产管理部门

• 督促各方履行各自责任，履职考核；

• 对风险进行管控，使隐患排查、隐患治理督办闭环；

• 组织对隐患排查治理情况进行分析；

• 组织季度风险管控情况分析，改进数据库；

• 具体牵头负责机制运行情况年度分析评估工作；

• 定期对各单位安全双重预防机制运行情况进行评价、考核；

• 对双重预防信息系统使用情况（包括各方）进行考核，维护完善信息系统。

3）其他分管人员

• 负责分管范围内的双重预防工作；

• 负责分管范围内的较大及以上风险管控、隐患治理工作；

• 定期组织分管范围内的安全双重预防运行分析工作；

• 组织人员改进分管范围内的安全双重预防制度数据库；

• 使用双重预防信息系统辅助工作。

4）技术和管理科室

• 负责责任范围内的风险管控、隐患排查、分析工作；

• 负责责任范围内的不安全行为管控、分析工作；

• 定期详细分析具体范围内安全双重预防机制的运行情况并进行改进；

• 落实改进措施；

• 使用双重预防信息系统辅助工作。

5）车间班组

• 参与定期、常态化安全培训（包括班前会），了解自身责任等；

• 负责责任范围内的风险管控、隐患排查、反“三违”等工作；

• 参与培训，掌握、落实工作范围内的改进措施。

双重预防机制建立起来后，尤其是在数据库质量较高的情况下，使用带有移动端 App 和现场人员定位功能的双重预防信息系统落地运行双重预防机制，比企业之前的安全管理工作更加简单。需要强调的是，双重预防机制建设、运行是全员的责任，并不仅仅是安全管理部门的工作，最终应纳入各部门、岗位的全员安全生产责任制中。一旦进入运行阶段，安全管理部门的工作重点是督促其他各部门履责，分析存在的问题，不断改进。

3.4　煤矿安全双重预防机制建设运行的常见问题与解答

煤矿在安全双重预防机制建设、运行过程中的常见问题包括：

（1）煤矿对安全双重预防机制的认识不到位，缺乏建设提升的主动性。

解答：有些企业领导和部分从业人员过度相信自己的经验，对于双重预防机制持怀疑态度，对于来自各级监管、主管部门的双重预防机制建设、运行要求采取应付态度。鉴于这种情况，一方面要加强对双重预防机制理论的学习，认识到其真正原理；另一方面应到双重预防机制运行效果较好的企业参观、交流，提高对双重预防机制的信任度。同时要加强政治学习，从落实习近平总书记安全生产重要论述的层面，做好双重预防机制建设、运行工作。

（2）煤矿部分领导及相关部门职责不清晰、不明确。

解答：要根据双重预防机制建设、运行各个阶段的要求，参考其他企业的经验，将主要相关人员的双重预防机制制度细化，确保能够操作。

（3）煤矿安全双重预防机制运行逻辑混乱。

解答：组织培训宣贯，内容包括安全双重预防基本概念、安全双重预防运行逻辑等，为煤矿人员答疑解惑，规范统一思想。根据《规范》的要求，重新梳理本企业的双重预防机制逻辑，重组各项业务流程。

（4）煤矿双重预防信息系统数据缺失、使用率低，只能用于应付检查。

解答：煤矿应分析双重预防信息系统使用效果不佳的原因，从系统、用户两方面分析，提出有针对性的解决方案。一方面要保证系统科学、能用、好用，另一方面要让用户愿用、会用、有用。另外，为解决双重预防信息系统的长期有效使用问题，应明确双重预防信息系统的负责部门或人员，明确信息系统运维等工作的责任、流程。

（5）煤矿安全双重预防机制重建设、轻运行、无考核。

解答：企业安全管理部门应建立考核机制，严格监督持续改进工作，将双重预防机制相关责任履行情况纳入考核，定期对企业双重预防机制建设情况进行评估，掌握当前双重预防机制实际建设、运行情况，为后续的改进提升提供依据。

4 煤矿安全双重预防机制建设准备

4.1 双重预防机制培训与宣贯

煤矿在开展安全双重预防机制建设前，应组织全体从业人员进行双重预防机制相关知识的培训。

【工作目的】

(1) 提高从业人员对双重预防机制的理解和认识。培训中，会详细解析双重预防机制的内涵、工作流程以及实际应用，让员工深知其对安全生产工作的重要性。

(2) 明确员工在双重预防机制建设运行过程中的岗位职责。每个岗位在双重预防机制中都扮演着重要的角色，培训中会针对不同岗位，详细阐述其在双重预防机制中的职责和要求。

(3) 培训还注重提高员工的双重预防机制建设运行能力。培训课程涵盖了风险辨识技术、评估方法、隐患排查内容和方法等方面的知识，帮助从业人员熟练掌握这些技能，提高双重预防机制工作的实效。

【工作主要内容】

(1) 制订培训计划。安全双重预防机制的相关内容纳入培训计划，明确培训的内容、学时、对象以及考核方式等具体细节。

(2) 明确培训内容。培训内容应涵盖安全双重预防机制建设运行的各个阶段，包括目标、要求、方法以及步骤等。其中，目标是为了明确安全双重预防机制建设的方向；要求是为了确保建设的质量；方法是为了提高建设的效率；而步骤则是为了保障建设的顺利进行。此外，我们还需要重点关注安全风险的辨识评估技术。在双重预防机制建设运行中，风险的辨识和评估是基础。只有准确识别和评估风险，才能采取有效的管控措施来预防事故的发生。隐患排查治理工作流程、内容和方法也是培训的重点。隐患排查是预防事故发生的重要手段，只有定期进行排查，才能及时发现潜在的安全隐患，从而采取措施进行治理。

【工作组织部门与人员】

安全双重预防机制建设准备工作的组织部门应为企业的安全生产管理部门，负责组织和协调整个培训工作的进行。

【工作参与部门与人员】

总工程师，各分管负责人，副总工程师，生产、技术、安全科室（部门）相关人员，区队管理人员，入井人员，地面关键岗位人员，相关岗位从业人员，重大安全风险区域作业人员均需参与培训。

【工作流程】

培训与宣贯工作流程如图 4-1 所示。

【工作常见问题】

（1）培训内容和时间确定不清楚，起不到作用。

解答：培训是为了使相关人员知道该做什么、该怎么做。因此与双重预防机制建设、运行相关的培训至少分为四类：第一，推动双重预防机制建设、运行的培训，面向所有人员，使企业上下认识到该项工作的重要性；第二，安全风险辨识评估培训，确保参与年度安全风险辨识评估的人会辨识，保证辨识质量；第三，安全风险辨识结果培训，使企业所有人员都了解公司的风险情况，知道和自己岗位有关的风险，掌握本岗位的安全风险管控责任；第四，隐患排查培训，使企业所有人员掌握隐患排查的方法，了解常见隐患，提高

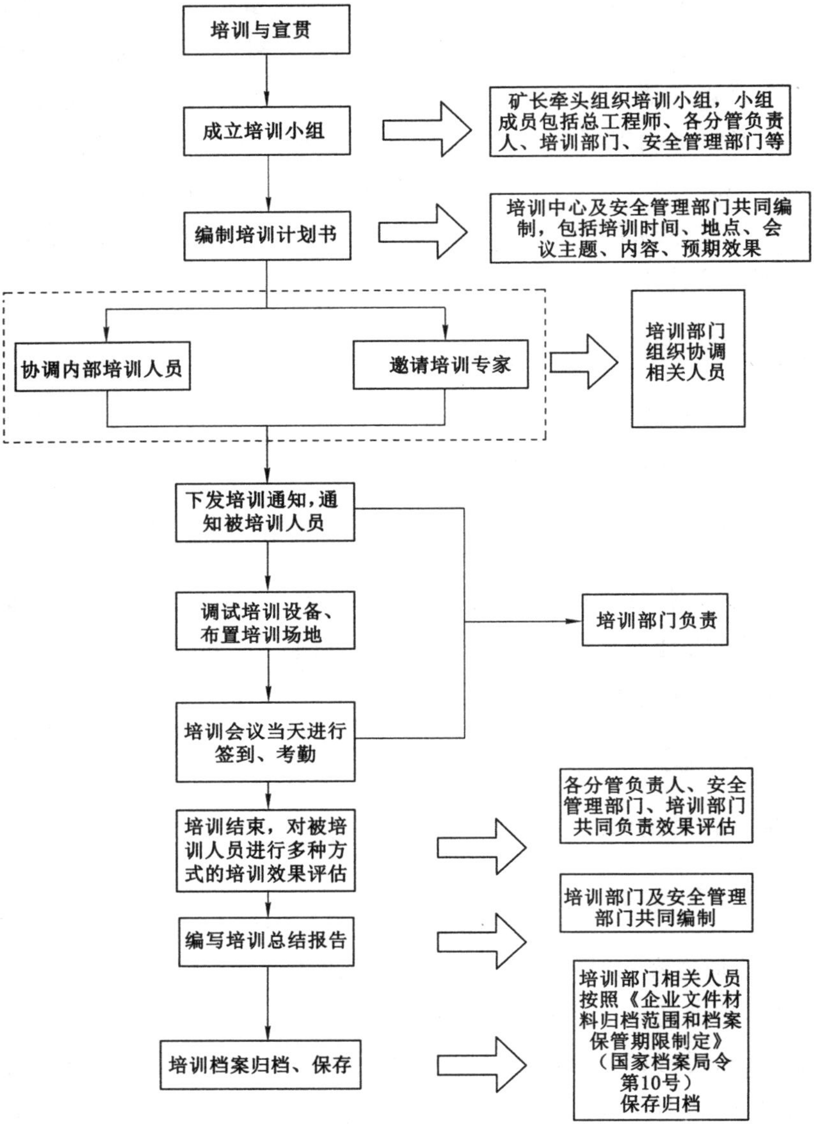

图 4-1　培训与宣贯工作流程

隐患排查的质量和效率。显然，这些培训工作应在相关工作开展之前或条件具备之后进行，而不能随意安排。

(2) 培训未做到全员覆盖，特别是矿长等主要负责人不参加。

解答：制定明确的培训计划，包括培训时间和地点，确保所有员工都能方便参与。引导并鼓励高层管理人员亲自参与培训，强调培训对整个团队的重要性。在培训前与管理层进行沟通，解释培训的目的和好处，以增强他们的参与意愿。

(3) 培训的内容不全面、相关知识点存在偏差、师资力量不够。

解答：定期评估培训内容，确保它与员工的实际工作相关，同时也满足行业内最新的标准和要求。针对知识点的偏差，建立反馈机制，让员工能够提出问题和建议，及时进行调整。考虑引入外部专业人士或培训机构，以弥补内部师资力量的不足。

(4) 未按照培训计划组织召开培训。

解答：制定详细的培训计划，并将其提前通知给所有员工，以确保大家能够合理安排时间。设立培训负责人，负责协调和监督培训计划的执行，确保按时召开培训。对培训进度进行跟踪和评估，及时发现并解决可能导致计划偏离的问题。

【工作成果】

培训计划方案、培训档案(一期一档和一人一档)。

【案例】

L煤矿企业安全双重预防机制教育培训开展方式如下：

(1) 矿长为本单位培训第一责任人，全面负责本单位的培训工作。各分管矿长及总工程师负责本单位的培训计划建立、组织实施进度及相关工作的落实情况。

(2) 安全管理部门、日常管理部门与培训部门负责起草本单位年度培训计划，培训流程表样例见表4-1。

煤矿培训小组成员样例如图4-2所示。

表 4-1　培训流程表

任务名称	操作步骤	作业规范及注意要点
年度培训	① 确定培训需求（＊＊＊）	征求参训人员意见 分析参训人员知识、技能、文化现状 填写培训需求调查表
	② 设定培训目标（＊＊＊）	培训预期结果 每项培训课程参加的部门和人员 明确培训目标、时间、方式、场地、课程
	③ 确定参训人员（＊＊＊）	
	④ 制定培训内容（＊＊＊）	
	⑤ 培训准备工作（＊＊＊）	根据培训计划进行费用、教材、资料、设备、讲师等的准备
	⑥ 培训实施及协调工作（＊＊＊）	通知被培训人员培训内容、地点、时间等 进行培训考勤、做好培训记录
	⑦ 培训项目评估（＊＊＊）	学习成效测评、行为跟踪评估
	⑧ 培训总结（＊＊＊）	培训结束，对本次培训全过程进行总结，总结经验，指出问题 完成培训总结报告

培训小组构成：
组长：矿长
副组长：安全分管负责人、总工程师

成员：采煤分管负责人
　　　机电分管负责人
　　　通风分管负责人
　　　**分管负责人
　　　**分管负责人
　　　**分管负责人
……………

图 4-2　培训小组成员

（3）安全管理部门、培训部门与各分管负责人协调确定培训会议主讲人、公司内部培训人员或外聘专家，同时通知公司内部培训人员或编写邀请函邀请外部专家。邀请函如图 4-3 所示。

（4）培训部门、安全管理部门确定所需培训参会人员名单、参会地点、参会时间，形成通知文件，并下发给需培训人员，通知文件样例如图 4-4 所示。

邀请函

尊敬的专家：

您好！为******，特邀您作为主讲人为贵公司进行培训。

培训会议主题：***

培训会议内容：***

会议地点：***

会议时间：***

图 4-3 邀请函

L 煤矿企业 2023 年教育培训通知

培训会议时间：每月**日**日（根据实际情况调整）。

培训会议主持人：矿长

培训会议主讲人：***

培训会议地点：**楼*楼会议室

培训会议参会人员：总工程师、***……

培训会议主题：煤矿安全****

会议内容：************************

****

****

其他规定：请假制度***

…………签到制度***

…………会议纪律***

图 4-4 培训通知书

(5) 培训部门通知所有培训相关人员，培训中心布置培训会场、调试培训所需设备，进行培训签到。培训签到表样例见表 4-2。

表 4-2 培训签到表

序号	姓名	单位(部门)	签字
1	* * *	安全管理部门	* * *
2	* * *	生产技术部	* * *
3	* * *	通风科	* * *
4	* * *	地测科	* * *
5	……	……	……
6	……	……	……
7	……	……	……

(6) 培训部门、安全管理部门编制考核制度，确定考试地点、时间，同时通知被培训人员，并形成培训考核文件。考试结束后，统计总体情况，对此次培训效果进行综合评估，考试制度文件样例如图 4-5 所示，培训考核制度如图 4-6 所示。

员工考试及补考制度

一、考试与计分：

1. 员工培训结束，按教学计划要求，组织考试。

2. 考试实行教考分离，由培训管理部统一命题，监考，阅卷。

3. 考试实行百分制。

二、成绩考核：

1. 员工培训考核分理论考试和日常考核两种。其中任何一项不合格者，均视为培训不合格。

2. 理论考试以100分为基础，等于或大于60分为合格，否则均不合格。

3. 员工培训期间应遵守培训纪律，累计迟到或早退超过三次者及旷课半天以上者，取消考试资格。

4. 员工培训期间不准请假，特殊情况请假时，时间不得超过培训课时数20%，否则将进行处罚。

三、成绩评定及补考：

1. 理论考试、日常考核以及实习考核均必须合格。

2. 对考试不合格者补考，补考不合格者建议调离原岗位工作。

考试管理制度

一、员工自备考试用具。按规定时间进入考场。按指定位置就坐，准备考试。

二、员工不得迟到或无故缺考，开考30分钟后不得再进入考场，并以自动弃考论处。

三、员工进入考场不得携带任何书籍、笔记、纸张，如已带入考场，必须交放于讲台，考完后带出。

四、员工不得中途离场，一旦离场，则以交卷处理。

五、员工在考试中要尊重监考人员，听从监考人员的指挥，不得交头接耳、左顾右盼、传递夹带、相互作弊，对有作弊行为的考生，监考教师可予以警告，警告无效者，有权宣布其试整作废并在考场情况表中作出记录。如作弊考生不服管理，有辱骂行为的视情节轻重作出处理。

六、员工在考场答卷，使用统一的工具圆珠笔（蓝黑墨水）不得在卷面作特殊标记，一经发现试卷作废。

七、员工在考场答卷，检查无误后，将试卷整好，交给监考教师方可离开考场。员工一旦交卷不准再次返回座位，更不得与未交卷的员工交头接耳，否则以作弊论处。

图4-5　考试制度文件

培训考核制度

1. 新员工必须经过培训教育，培训结束后进行闭卷考试，考试合格后方可上岗。从事井下工作的员工培训教育由培训管理部负责组织，学习时间不得低于72学时。分到各区队后必须签订师徒合同。时间为4个月，确保帮、传、带。

2. 老员工每年再培训不得少于20学时。

图4-6　培训考核制度

(7) 总体培训效果评估结束后，培训部门编制培训总结报告。培训项目效果评估样例如图 4-7 所示。

2024 年 * * * 煤矿安全培训总结报告

* * * 煤矿

2024 年 * * 月 * * 日

去年一年来，在煤炭局的大力支持下，在各培训机构的紧密配合下，我矿圆满地完成了各项培训工作任务，促进了我矿职工安全教育培训工作朝着健康向上的轨道发展，取得了较好的成绩。为了进一步总结去年的安全培训工作，查找存在的问题和不足，把 2024 年的工作做得更好，现将我矿去年煤矿安全培训工作总结如下：

一、基本情况

去年认真学习上级文件精神，深入学习贯彻《煤矿安全规程》等行业法律法规，坚持培训、装备、管理三并重原则，紧紧围绕矿井安全质量标准化建设和“安全生产年”活动，优化管理，真抓实干，注重实效，圆满完成了全年各项培训任务，煤矿职工素质和业务水平也随之提高，我煤矿安全教育培训工作取得了较为显著的成效，2023 年共培训煤矿“三项岗位人员”12 人，“三项岗位人员”以外人员全部培训合格；新工人岗前培训合格 62 人；职工安全教育学习培训 720 人/次。达到全员培训率 100％，培训合格率 100％，“三项岗位人员”持证上岗率 100％。

二、主要做法

(一) 狠抓各级管理队伍学习，不断提高管理能力

1. 提高各级管理人员的理论水平，号召各级领导、各专业技术人员认真学习《爆矿安全规程》，全面贯彻《规程》的内容，用《规程》指导生产。

2. 突出安全知识教育培训学习，提高各级管理人员专业知识，提高机关管理人员实际管理的能力，进一步夯实安全管理责任。

图 4-7 培训项目效果评估样例图

(8) 整体培训结束后，培训部门设专人负责培训档案的管理工作，按照《企业文件材料归档范围和档案保管期限规定》(国家档案局令第 10 号)或其他相关要求保存。做好档案的分类、编码、存放等工作，确保培训档案不丢失、不损坏。

4.2 双重预防机制建设运行机构、职责与制度

煤矿是安全双重预防机制建设和运行工作的责任主体，应当明确安全双重预防机制建设和运行的管理机构，同时明确其相关职责。应结合安全双重预防机制建设运行要求，建立完善并实施《安全风险分级管控制度》《事故隐患排查治理制度》等相关制度。

【工作目的】

(1) 建立清晰的运行机构，提高组织和运作效率，确保安全双重预防机制各项工作都有人负责。

(2) 通过明确岗位职责，确保每个成员清楚自己的责任范围，降低责任模糊性，有助于追究责任和提高工作责任心。强化全员安全意识，提高安全风险辨识和事故隐患排查能力，降低事故发生的风险。

(3) 通过建立制度，可以规范双重预防机制建设的运行，不断提升安全双重预防机制的运行效能，为煤矿安全生产提供有力保障。

【工作主要内容】

(1) 矿长与分管领导召开会议，共同确定安全双重预防机制的建设和运行管理相关部门及人员，明确各自职责，并由安全管理部门出具书面文件予以发布。

(2) 安全管理部门负责制定安全风险分级管控、隐患排查治理、双重预防机制教育培训、运行考核、信息化管理、持续改进等各项管理制度，由矿长与分管领导审核、审定、发布。其中，《安全风险分级管控制度》应明确安全风险辨识评估的范围、方法，以及安全风险辨识、评估、管控、公告、报告等工作流程，并提出相应的保障措施；《事故隐患排查治理制度》应确立事故隐患排查的责任部门和责任人，明确事故隐患排查的内容、方式、频率，以及登记、治理、督办、验收、销号、分析总结、检查考核等环节，对事故隐患进行分级，构建分级排查、分级治理、分级督办、分级验收的隐患排查治理机制，实现闭环管理。

【工作组织部门与人员】

矿长、分管领导。

【工作参与部门与人员】

总工程师，各分管负责人，副总工程师，生产、技术、安全科室(部门)相关人员，区队管理人员，相关岗位从业人员。

【工作流程】

(1) 矿长与分管领导召开会议,共同确定安全双重预防机制的建设和运行管理相关部门及人员,明确各自职责,并由安全管理部门出具书面文件予以发布。

(2) 安全管理部门负责制定安全风险分级管控、隐患排查治理、安全双重预防机制教育培训、运行考核、信息化管理、持续改进等各项管理制度,由公司矿长与分管领导审核、审定、发布。

(3) 各部门及人员按照职责要求,开展安全风险辨识评估、事故隐患排查治理、安全双重预防机制教育培训、运行考核、信息化管理、持续改进等工作。

(4) 矿长、分管领导及各部门负责人定期检查安全双重预防机制建设和运行情况,对存在问题进行整改和优化。

(5) 每年对安全双重预防机制建设和运行工作进行总结,分析成效和不足,提出改进措施,形成报告。

【工作常见问题】

(1) 未建立组织机构,未明确相关人员及其职责等。

解答:建议公司立即明确或建立负责该项工作的组织机构,包括各个部门及其职责范围。制定组织架构图,明确每个部门的职能和上下级关系。确定关键岗位,并为其明确责任和权力。

(2) 制定的制度与公司实际情况、现场安全管理存在偏差,过度依赖第三方建设。

解答:审查现行制度,确保其与公司实际情况相符。对于过于依赖第三方建设的情况,建议加强对第三方的监管和沟通,确保他们的工作符合公司的实际需求。需要注意的是双重预防机制建设、运行是企业的主体责任,不能将所有工作外包出去,绝对不能将其视为交钥匙工程。安全风险自辨自控、隐患自查自改是各企业建设、运行双重预防机制的基本原则。此外还要定期评估和更新制度,以适应公司业务的变化。

(3) 制度没有严格按照地方、行业相关法律、法规、规章、制度等进行编制,更新不及时。

解答：深入研究当地和行业相关的法律、法规、规章，确保公司制度符合要求。定期进行法规合规性检查，确保制度的及时更新。建立一个负责制度管理和更新的团队，确保相关人员了解并遵守最新的法规要求。

【工作成果】

企业安全双重预防机制工作方案，制度汇编格式模板，煤矿安全双重预防组织机构与责任体系制度汇编，企业安全风险分级管控制度汇编，隐患排查与登记、隐患治理与督办、隐患验收与销号、不安全行为治理制度汇编，煤矿安全双重预防机制管理信息系统使用与运行维护制度汇编，教育培训制度汇编，安全生产责任考核制度手册，持续改进管理制度。

【案例】

以实际中对标建设的 L 煤矿为例来说明组织机构和职责确定的具体工作如何开展。

（1）依照机构工作流程，建立由矿长牵头、分管负责人参加的安全办公会议机制，同时确定领导小组具体成员，明确各自责任，并由安全管理部门相关负责人编制形成书面文件。组织机构样例如图 4-8 所示。

L 煤矿组织机构

1. 安全双重预防机制领导组

组长：矿长·***·····责任：***

副组长：总工程师***、安全分管负责人·***、生产分管负责人***、……

责任：***

成员：安全管理机构负责人***····责任：***

·······通风部门负责人***·········责任：***

2. 安全双重预防机制工作管理机构

··安全双重预防机制管理办公室：安监处

··办公室主任：安监处处长

图 4-8　组织机构样例图

(2) 各分管负责人组织成立安全双重预防机制专业工作组，同时明确相关人员责任，专业组样例如图 4-9 所示。

1.通防专业组

分管领导：***

牵头科室：通防科

主要人员：***

主要责任：***

2.采煤专业组

图 4-9　专业组样例图

(3) 安全管理部门负责各种安全规章制度的汇编。

安全管理部门成立制度文件编制小组，由小组人员确定管理制度文件统一模板。公司安全管理部门小组成员进入现场调研，编制调研报告。调研报告样例如图 4-10 所示。

目　　录

前言……………………………………………………………… 2
1　调研概述 ……………………………………………………… 4
　1.1　调研目的 ……………………………………………… 4
　1.2　调研方法 ……………………………………………… 4
　1.3　调研人员 ……………………………………………… 5
2　调研概况 ……………………………………………………… 5
　2.1　调研特点 ……………………………………………… 5
　2.2　调研效果 ……………………………………………… 5
　2.3　资料调研 ……………………………………………… 5
3　煤矿企业安全生产标准化管理建设现状 …………………… 7
　3.1　安全生产概况 ………………………………………… 8
　3.2　安全业绩 ……………………………………………… 8
　3.3　安全管理现状 ………………………………………… 9
　3.4　调研情况……………………………………………… 10
4　管理标准体系建设………………………………………… 20
　4.1　建设思路和内容……………………………………… 21
　4.2　风险预控与双重预防机制的融合…………………… 21
　4.3　构建风险隐患一体化管理…………………………… 23
　4.4　完善落实安全管理及生产相关配套制度…………… 24
5　调研总结…………………………………………………… 25

图 4-10　项目调研报告样例图

公司安全管理部门小组成员翻阅历来国家及行业相关制度文件，收集相关资料，结合调研报告实际情况开始起草制度文件。草案编写完成后，在公司内部组织研讨会，征求公司领导意见，同时由安全管理部门相关负责人汇总意见，形成制度草案意见收集表。

意见采纳完毕修改后，再次征求矿长、煤矿各分管负责人、安全管理部门负责人意见，修改后形成终稿，打印成册，样例如图 4-11 所示。

图 4-11　制度文件样例图

安全规章制度一方面不能有缺失，另一方面必须要符合企业实际，而且是企业真正在运行的要求。企业可以在国家、省市等要求的基础上，进一步提高具体要求，但是必须要在企业实际执行，否则会出现制度执行不到位的问题。安全规章制度要全方面覆盖与双重预防机制相关的责任、流程、保障、考核，防止出现因制度不全造成工作难以开展的现象。

5 煤矿安全风险分级管控与数据库建设

5.1 安全风险辨识评估方法培训

【工作目的】

安全风险辨识评估方法培训的目标在于帮助员工掌握发现和分析安全风险的方法，使他们熟悉常见的安全风险要素和事故类型，并了解安全风险辨识评估的具体方法和技巧，以及各种辨识方法的应用场景。通过培训能够提升员工的风险意识，增强解决问题的能力，从而提高整体的安全风险评估水平。

【工作主要内容】

风险辨识评估方法培训的主要内容：

(1) 风险辨识评估的目的和意义：明确风险辨识评估的重要性，帮助员工认识到其对安全生产的贡献。

(2) 风险辨识评估的方法和技巧：常见的安全风险辨识方法有安全检查表法、经验分析法、作业危害分析法，评估方法有风险矩阵法、作业条件危险性评价法、重大风险直接判定法等。介绍并讲解各种辨识、评估方法的特点以及应用范围，重点培训如何针对不同的评估对象选择合适的评估方法。

(3) 风险评估的步骤：详细介绍风险评估的步骤，包括准备阶段、实施阶段和总结阶段中相应的风险辨识评估工作，使员工了解并掌握风险评估的全过程。

(4) 常见的安全危险因素和事故类型分析。

【工作组织部门与人员】

安全生产管理部门负责组织制订培训计划方案，并对参加安全风险辨识评估的人员进行培训。

【工作参与部门与人员】

矿长、其他副矿级领导、各副总工程师、生产部室负责人、队组负责人、安全生产管理部门全体人员、各部室专业技术组及专业技术人员。

【工作流程】

工作流程如图 5-1 所示。

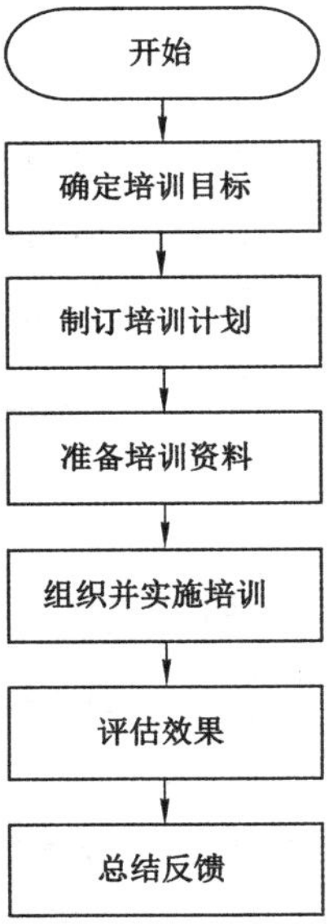

图 5-1　风险辨识评估方法培训工作流程

(1) 确定培训目标：明确培训的目的和期望达到的效果，例如提高员工的安全风险辨识能力和评估能力。

(2) 制订培训计划：根据培训目标，制订详细的培训计划，包括培训内容、时间、方式、师资等。

(3) 准备培训资料:根据培训计划,准备相关的培训资料,如教材、案例、PPT 等。安全生产管理部门应提前考虑,确定本公司安全风险辨识评估的方法、流程,确保培训的内容符合《规范》等要求。

(4) 组织培训:按照培训计划,组织员工进行培训,可以采用线上或线下的方式进行。

(5) 实施培训:在培训过程中,通过讲解、演示、案例分析等方式,向员工传授安全风险辨识评估的方法和面对各种特殊情况的处理方法等。

(6) 评估效果:在培训结束后,通过考试、问卷调查等方式,对员工的培训效果进行评估,了解员工掌握的情况。

(7) 总结反馈:根据评估结果,对培训工作进行总结和反馈,分析存在的问题和不足,提出改进措施和建议。

【工作常见问题】

(1) 培训内容不满足企业要求,或不同人员讲述存在偏差等。

解答:必须提前确定培训所讲的安全风险辨识评估方法符合《规范》要求,而且与企业的实际情况吻合。可以由安全生产管理部门协调各方人员、外部专家经过讨论后确定本企业的安全风险辨识评估方法或出台企业《安全风险辨识评估指南》,以此为基础进行培训。也可以在确定外部专家所掌握的安全风险辨识评估方法符合《规范》要求的基础上,邀请外部专家进行培训。

(2) 培训内容不够全面,培训课程可能只涵盖了部分安全风险辨识评估方法,而没有涵盖所有相关内容。这可能导致员工只了解部分方法,而无法全面掌握所有知识。

解答:

1) 增加培训内容:可以增加与安全风险辨识评估相关的内容,如风险评估的标准、流程、工具等,以便让煤矿员工更全面地了解和掌握安全风险辨识评估的方法和技巧。

2) 引入更多案例:通过引入更多实际案例,可以让员工更好地理解和应用所学知识,同时也可以提高员工的学习兴趣和参与度。

3) 邀请专家授课:可以邀请具有丰富经验的专家进行授课,让员工从不同角度了解和掌握安全风险辨识评估的方法和技巧，同时也可以增加员工的学习收获。

4）组织交流讨论：可以组织员工进行交流讨论，让员工分享自己的经验和心得，同时也可以让员工从其他人的经验中学习和借鉴。

【工作成果】

培训计划、培训大纲、培训通知、培训会议纪要等文件。

经安全风险辨识评估方法培训，员工能够掌握识别工作环境中潜在的各类安全风险的技巧，提升安全风险评估的专业能力。学会运用专业工具与方法，对辨识出的风险进行综合评估，以明确其严重程度和发生概率。员工能够针对不同风险制定具体的应对策略，包括预防、缓解以及应急处理措施。此外，培训还提升了员工对安全的敏锐度和意识，使他们更善于发现和应对潜在的安全风险。这些都将有助于预防和控制煤矿安全事故，降低煤矿安全风险，提高煤矿安全生产的水平。

【案例】

安全风险辨识评估方法培训案例

一、培训背景

随着企业规模的不断扩大和业务范围的拓展，安全风险辨识评估工作变得越来越重要。为了提高员工的安全意识和风险辨识能力，我们组织了一次安全风险辨识评估方法的培训。

二、培训目标

（1）掌握安全风险辨识评估的基本方法和工具；

（2）提高员工对安全风险的识别和评估能力；

（3）培养员工在工作中主动发现并处理安全风险的意识。

三、培训内容

（1）安全风险辨识评估的基本概念：介绍安全风险辨识评估的定义、目的和意义，以及在企业中的应用；

（2）安全风险辨识的方法：讲解常用的安全风险辨识方法，如头脑风暴法、安全检查表法、经验分析法、作业危害分析法等，并演示如何在实际工作中应用；

(3) 安全风险评估的方法：介绍常用的安全风险评估方法，如概率风险评估、风险矩阵法、后果风险评估、LEC 法等，并演示如何对识别出的安全风险进行评估；

(4) 安全风险控制措施：讲解针对不同等级的安全风险应采取的控制措施，如预防措施、减缓措施、应急措施等；

(5) 实际案例分析：结合企业实际情况，对一些典型的安全风险案例进行深入剖析，提高员工在实际工作中的运用能力。

企业安全风险辨识用到以下三种方法：

(1) 安全检查表法

一般用于设备设施类危险因素识别(表 5-1)。

表 5-1 安全检查表

序号	风险点	危险因素	风险描述	风险类型	风险等级	检查项目	管控措施
1	掘进工作面	掘进机	存在机械伤害风险	机械伤害	一般风险	保护装置	1. 每天对掘进机保护进行试验，确保保护灵敏可靠
							2. 安设掘进机机载红外断电装置，当有人员误入警戒区域时能及时断电停机
							3. 每班掘进前，掘进机司机必须对每个保护进行试验，保护不完好不得开机
2	掘进工作面	掘进机	存在高处坠落风险	高处坠落	一般风险	护栏	1. 掘进机上方安设护栏，护栏必须完好，掘进机副司机必须在护栏内作业
							2. 掘进机副司机站在掘进机上方作业时，必须佩戴保险带
3	掘进工作面	掘进机	存在油管爆裂伤人风险	物体打击	一般风险	系统压力	1. 掘进机系统压力严禁私自调节，如需调节压力必须由掘进机检修工操作
							2. 检修工必须每天对系统压力进行调试，保证压力在油管可承受范围内

(2) 经验分析法

一般用于作业环境类危险因素识别(表 5-2)。

表 5-2 经验分析法

序号	风险点	危险因素	风险描述	风险类型	风险等级	检查项目	管控措施
1	综(放)采工作面	顶板	工作面回采期间,工作面及上下端头以及超前支护范围段顶板受围岩应力影响,有顶板破碎、冒顶片帮的风险	冒顶片帮	较大风险	顶板支架	1. 加强矿压观测及分析
							2. 确保支架初撑力符合要求,前梁接实顶板,护帮板贴实煤壁
							3. 顶板破碎及煤壁片帮时及时拉移超前支架、打开护帮板
2	掘进工作面	煤尘	存在煤尘含量超限导致煤尘爆炸的风险	煤尘爆炸	重大风险	煤尘浓度、喷雾装置	1. 每班对巷道迎头 30 m 范围进行洒水降尘,每班要对整个巷道进行洒水降尘
							2. 施工锚杆、锚索孔时采用湿式钻眼
3	掘进工作面	瓦斯	存在高冒点瓦斯积聚导致瓦斯爆炸的风险	瓦斯爆炸	重大风险	高冒点	1. 加强巷道施工质量管理,尽可能保持巷道成型规整
							2. 高冒点要采取充填、喷浆等措施,减小高冒空间
							3. 高冒点设瓦斯检测牌板,加强日常检查
							4. 加强煤尘管理,减少高冒区煤尘聚集

(3) 作业危害分析法(表 5-3)

一般用于作业活动类危险因素识别。

表 5-3 作业危害分析法

序号	风险点	危险因素	风险描述	风险类型	风险等级	检查项目(工作步骤)	管控措施
1	掘进工作面	综掘割煤作业	存在机械伤害的风险	机械伤害	一般风险	机器转动位置有无人员逗留	1. 检查各部位螺丝是否紧固齐全,各操作手把、按钮、开关、急停是否灵活、可靠,截齿是否齐全锋利;内外喷雾、各部油位是否符合规定
							2. 掘进机开机前,必须撤出掘进机前方所有人员,并在掘进机后方设置警戒,严禁人员进入
							3. 在掘进机二运处安装红外线感应器,发现有人进入掘进机自动停机

表 5-3(续)

序号	风险点	危险因素	风险描述	风险类型	风险等级	检查项目（工作步骤）	管控措施
2	掘进工作面	综掘割煤作业	存在顶板破碎、冒顶片帮的风险	冒顶片帮	一般风险	顶板有无破碎、过载情况	1. 割煤前，必须对迎头顶板及帮部条件进行检查分析，如发现顶、帮破碎及时采取超前支护措施，并短掘短支
							2. 割煤过程中，如遇顶板掉顶，帮部片帮及时停机检查，以防顶板大面积冒落
							3. 割煤过程中，严格按措施、规程施工，严禁超割窑造成顶板冒落
3	掘进工作面	综掘割煤作业	存在机械伤害的风险	机械伤害	一般风险	顶板及其固定情况	1. 掘进机停机后，隔离开关必须打至“零”位，并将综掘机总急停进行闭锁，隔离开关手把综掘机司机必须随身携带
							2. 掘进机停机后，将掘进机截割头落地，并罩好护罩
4	掘进工作面	综掘割煤作业	存在从业人员职业病伤害的风险	职业病伤害	低风险	试运行	1. 必须佩戴合格的防尘口罩、防护眼镜等个人防护用品
							2. 落实综合防尘措施

风险评估的方法主要是从危险事件发生的可能性、危险事件可能造成的损失两方面进行分析，常见的方法有：风险矩阵法、作业条件危险性评价法等，具体不再赘述。此外，还可以根据重大风险判定规则，直接进行判定。

5.2 风险点划分与危险因素识别

【工作目的】

(1) 企业依据不同专业部门的管理责任进行风险点的划分。通过明确各部门的职责，确保后续风险辨识工作的有序进行。各部门可以根据自身的专业特点和业务范围，有针对性地开展风险辨识工作，提高工作效率和准确性。

(2) 风险点的划分为后续的风险管控工作提供了明确的任务单元。风险管控工作涉及多个方面,包括风险识别、评估、控制和监测等。只有将风险点划分为具体的任务单元,才能确保风险管控工作和数据归集有明确的落脚点。这样,企业在面对各种风险时,可以快速响应,采取有效的管控措施,降低风险对企业运营的影响。

(3) 风险点的划分有助于企业建立完善的风险管理制度,持续改进风险管控措施。通过对风险点进行系统化、全面的梳理,企业可以更好地了解自身面临的风险状况,为制定风险应对策略提供有力支持,提高风险管理水平。

【工作主要内容】

煤矿应依据功能独立、易于管理、责任明确的原则划分风险点,涵盖井下(坑下)、选煤厂及地面其他重点场所,并编制风险点台账。

风险点台账内容应包括:风险点名称、排查日期、开始日期、解除日期等信息,并根据生产变化情况进行更新。

煤矿应根据风险点台账,识别各风险点中的危险因素,编制危险因素清单,危险因素主要分为四种类型:设备设施(系统)类、作业活动类、作业环境类及其他。

(1) 设备设施(系统)类指风险点内有毒有害物质或能量的载体,如井工煤矿采煤机、掘进机、运输提升装置、瓦斯抽放系统等;

(2) 作业活动类指存在安全风险的生产作业活动,如井工煤矿割煤、掘进、移架等;

(3) 作业环境类指风险点中可能包含井工煤矿水、火、瓦斯、顶板、煤尘、冲击地压、热害、油层气等;

(4) 其他是依据煤矿实际情况对危险因素的补充。

【工作组织部门与人员】

成立"年度安全风险辨识评估"工作组。

工作组组长由矿长担任,其余成员包括:其他副矿级领导、各副总工程师、生产部室负责人、队组负责人;具体办公室设在安全生产管理部门,办公室主任由安全生产管理部门负责人担任。

【工作参与部门与人员】

各科室、区队参加安全风险辨识评估方法培训并具备风险辨识评估能力的人员。

【工作流程】

(1) 安全管理部门明确风险点划分与危险因素识别的目的,以及需要达到的目标。

(2) 目标确定后由安全管理部门领导指派专门负责人制订详细的工作计划,包括风险点的识别、分类、评估等。

(3) 安全管理部门工作计划制订人员确定所需的人员、时间、预算等资源,并合理分配。

(4) 安全管理部门根据项目需要,组建具备相关知识和技能的专业团队,负责风险点划分与危险因素识别工作。

(5) 明确团队成员的职责和任务,以及工作流程和规范。

(6) 完成风险点划分,形成风险点清单,并审核确认。

(7) 完成各风险点危险因素识别,形成全矿危险因素清单,并审核确认。

【工作常见问题】

(1) 划分标准不明确,识别方法不科学:对于风险点和危险因素划分得不合理,没有覆盖煤矿所有作业场所、区域等,特别容易忽视井上;在识别风险点和危险因素时,可能缺乏科学的方法和工具,仅凭经验和直觉进行判断,这样可能导致遗漏或误判。

解答:

1) 引入专家指导:邀请行业专家或专业机构对风险点和危险因素辨识工作进行指导,确保辨识的科学性和准确性。

2) 建立信息共享机制:建立信息共享机制,促进员工之间的信息交流和分享,以便及时发现和解决潜在的风险和危险因素。

3) 定期评估和审查:定期对风险点和危险因素辨识工作进行评估和审查,确保辨识工作的有效性和持续性。

(2) 如何对风险点划分与危险因素识别结果进行审核。

解答:风险点划分与危险因素识别是由多个部门、多个成员共同完成的,因此要保证最终风险辨识结果的一致性,就必须确保所有参与工作的人员对具体问题有相同或类似的判断。而在很多情况下,是难以在事先把所有可能全部考虑到的,即使考虑到,在执行过程中仍然会存在误解的可能。因此,为减少后期工作量,在风险点划分时,组织相关人员召开工作会议,加强对风险点清单的审核,在会议上,各部门和成员可以就风险点划分和危险因素识别进行深入的交流和讨论,以便达成共识,保证辨识全面,划分合理。

充分发挥团队协作的优势,在风险防控工作中取得实效,为项目的成功和业务的稳定发展保驾护航。

【工作成果】

(1) 风险点台账;
(2) 危险因素清单或台账;
(3) 风险点和危险因素对应表。

【案例】

案例一:风险点台账,见表 5-4。

表 5-4　风险点台账

序号	风险点	排查日期	开始日期	解除日期
1	综(放)采工作面	……	……	……
2	掘进工作面	……	……	……
3	中央变电所	……	……	……
4	中央水泵房	……	……	……
5	主斜井	……	……	……
6	……	……	……	……

注:依照下列步骤,形成企业的风险点台账:
① 划分企业风险点,包含部位、场所、区域;
② 针对某一风险点,完善其相关信息,如排查日期、开始日期、解除日期等。

案例二:风险点和危险因素对应表,见表 5-5。

表 5-5 风险点和危险因素对应表

序号	风险点类型	危险因素名称
1	综采工作面	水
		火
		瓦斯
		顶板
		煤尘
		采煤机
		刮板输送机
		带式输送机
		液压支架
		超前支架
		转载机
		破碎机
		泵站
2	锅炉房	移动变电站
		噪声
		有毒有害气体
		空压机
		锅炉
		提升机
		电缆
		高压管路
3	……	……

5.3 危险作业安全风险辨识与评估

【工作目的】

危险作业的安全风险辨识是开展危险作业安全风险管控的关键环节。

通过对作业环境、作业流程和人员等方面的风险进行辨识和分析，可以及时发现潜在的安全风险并采取有效的应对措施，从而降低事故发生的概率。因此，在进行危险作业时，相关人员应加强对上述风险的关注和控制，确保危险作业的安全进行。当前煤矿绝大多数事故发生都与危险作业、不安全行为等直接相关，因此通过开展危险作业安全风险辨识与评估工作，进一步完善危险作业安全管理制度，落实安全主体责任，能够提高矿山各级安全生产管理人员及岗位人员参与风险辨识、评估、管控和隐患排查治理工作的主动性，降低生产安全事故和职业病的发生概率。

【工作主要内容】

煤矿每年底对所有风险点开展安全风险辨识时，同步对各风险点可能发生的危险作业风险进行辨识、评估，重点对煤矿作业活动中容易导致伤亡事故的危险作业类危险因素可能存在的风险进行全面辨识。

【工作组织部门与人员】

“年度安全风险辨识评估”工作组人员，安全生产管理部门牵头组织。

【工作参与部门与人员】

参加安全风险辨识评估方法培训，并具备风险辨识评估能力的人员，重点是区队（车间）、班组、关键岗位人员。

【工作流程】

危险作业安全风险辨识与评估工作流程如下（图 5-2）：

（1）风险点划分：可直接使用前文中所形成的风险点台账。

（2）编制煤矿危险作业类危险因素台账：根据煤矿开采方案，安全管理部门确定煤矿危险作业类危险因素台账，应涵盖生产经营全过程所有危险作业活动，如穿孔、爆破等。

例：某煤矿开采方式为山坡露天开采，采用自上而下水平分层开采，台段高度 12 m。矿山开采设备主要为潜孔钻机、液压挖掘机、移动式空压机、自卸车辆等。打眼、爆破、铲装、运输等工艺采用机械化作业。穿孔组按爆

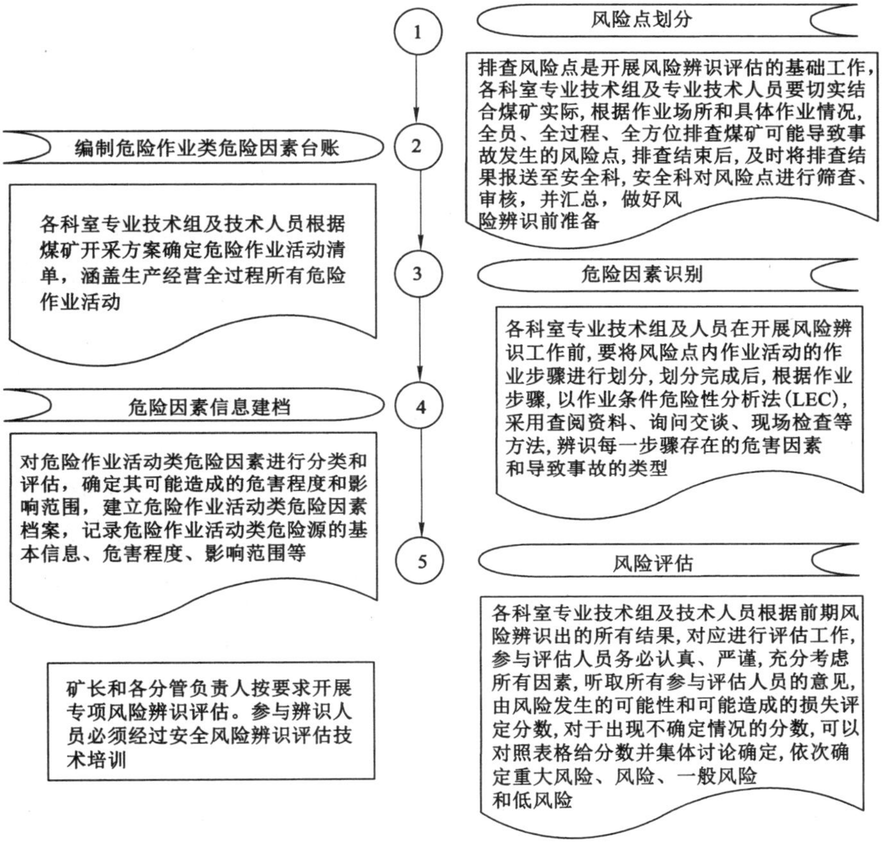

图 5-2 危险作业安全风险辨识与评估工作流程图

破设计说明书要求，使用带有除尘装置的钻机在矿区工作边坡的岩层上进行打眼，然后爆破组在合格的钻眼进行装药爆破，爆堆洒水后，经铲装组破碎锤破碎、挖掘机铲装，运输组使用矿用自卸车载运至某水泥公司石灰石破碎机口。

流程为：矿山→穿孔→爆破→铲装→运输→厂区。

通过采矿生产工艺流程和该矿实际情况，确定危险作业如下：穿孔、爆破、铲装、检维修、边坡管理和排水。

(3) 危险因素识别：

1) 识别风险点中危险作业活动类危险因素，利用作业危害分析法将危险作业分解为若干连续的工作步骤，即首先做什么、其次做什么。

2）识别每个工作步骤的潜在风险，辨识每一个工作步骤中存在什么危险因素及可能导致的事故。危险因素辨识描述可参考描述方式："由于X（危险作业步骤）具有Y（危害），如果Z（物的不安全状态或人的不安全行为描述），可能会导致W事件"。

例：如果高处作业不规范使用安全带，可能会导致高处坠落。

3）列举主要后果：即危险因素可能导致的事故造成的主要风险类型。风险类型遵循《规范》中5.1.5的要求。

（4）风险评估：对危险作业类危险因素进行风险评估，确定其可能造成的风险等级和概率。危险作业类危险因素的风险评估可以参照对设备设施、环境等危险因素的风险评估方法。

（5）危险因素信息建档：为做好作业类危险因素管控，可以对危险作业活动类危险因素进行分类和评估，确定其可能造成的危害程度和影响范围，建立危险作业活动类危险因素档案，记录危险作业活动类危险因素的基本信息、危害程度、影响范围等。

【工作成果】

煤矿危险作业类危险因素台账。

危险作业安全风险辨识评估台账。

静态安全风险四色图。

【案例】

案例一：A煤矿风险点划分。

煤矿风险点多，且多处风险点类型相同，比如1××采煤工作面、2××采煤工作面等同为采煤工作面，且作业环境、设备设施及作业活动相似，A煤矿将同类型的风险点统一划分为一种类型，如采煤工作面。针对采煤工作面进行风险辨识评估，辨识完成后再将辨识结果关联到具体的×××采煤工作面中，最后针对具体的风险点采取删减、补充风险，调整风险等级、管控措施等操作。

A煤矿梳理的风险点台账见表5-6。

表 5-6 A 煤矿梳理的风险点台账

序号	风险点	排查日期	开始日期	解除日期
1	主斜井	2023/12/1		
2	副斜井	2023/12/1		
3	1# 回风立井	2023/12/1		
4	1# 进风立井	2023/12/1		
5	南总回风巷	2023/12/1		
6	355 胶带轨道大巷	2023/12/1		
7	副斜井井底车场	2023/12/1		
8	六区轨道巷下山	2023/12/1		
9	2-616 综采工作面	2023/12/1		
10	……			

案例二：A 煤矿危险作业类危险因素台账。

A 煤矿在辨识过程中针对划分出的风险点，梳理风险点下的危险作业类危险因素。针对危险作业类危险因素，A 煤矿辨识小组将煤矿生产过程中危险作业活动列举出来。

A 煤矿梳理的危险作业类危险因素台账见表 5-7。

表 5-7 A 煤矿梳理的危险因素台账

序号	风险点	危险因素	辨识单位	辨识人员	备注
1	××掘进工作面	爆破	掘进队	李××	
2	……	……			

案例三：A 煤矿工作危害分析表(见表 5-8)

表 5-8 A 煤矿工作危害分析表

序号	风险点	危险因素	工作步骤	风险描述	风险类型	风险等级
1						
2						

案例四：A 煤矿危险作业类危险因素信息档案(见表 5-9)。

表 5-9　A 煤矿危险作业类危险因素信息档案

序号	基本信息	危害程度	影响范围	备注
1				
2				

5.4　安全风险辨识与评估

【工作目的】

(1) 识别潜在的安全风险：通过收集相关信息和分析数据，可以识别出可能对煤矿生产安全构成威胁的潜在风险。这些风险可能来自人员、设备、环境、管理四个方面。

(2) 评估风险等级：识别出潜在风险后，对这些风险进行评估，确定其等级和影响程度，为明确各层级、各部门、岗位的安全风险管控责任提供依据。

【工作主要内容】

风险辨识与评估是一项非常重要的工作，是评估风险等级以及确定风险是否可容许的全过程，是一项耗时耗力的工作，涉及面广，是关系到安全风险分级管控工作是否落地的关键因素。风险辨识评估主要分为年度安全风险辨识评估、专项安全风险辨识评估。

评估重点为瓦斯、水、火、顶板、煤尘和提升运输、冲击地压等易引发群死群伤的危险因素，以及各风险点的作业活动、作业环境、设施设备、岗位人员、安全管理等全方位领域进行安全风险的辨识与评估。

【工作组织部门与人员】

“年度安全风险辨识评估”工作组人员，安全生产管理部门牵头组织。

【工作参与人员】

各科室和区队中参加安全风险辨识评估方法培训并具备风险辨识评估能力的人员。

【工作流程】

(1) 确定风险辨识评估范围及方法,尤其要明确风险评估结果出现歧义时的处理方法。

(2) 根据危险因素辨识风险。除非两种风险的管控措施、责任单位完全不同,一般只考虑某个危险因素最重要的风险。

(3) 对风险大小进行评估、分级,优先考虑安全风险判定的情况,再对其他风险进行评估,需要强调是对初始风险辨识评估,而非动态风险。

(4) 对风险分级情况审核、定级。将评估后的结果交由各部门负责人或相关科室进行审核,最后提交总工程师和企业主要负责人进行审核,尤其要重视对重大风险、较大风险的审核。风险分级情况审核也可以在管控措施制定后统一审核。

工作流程如图 5-3 所示。

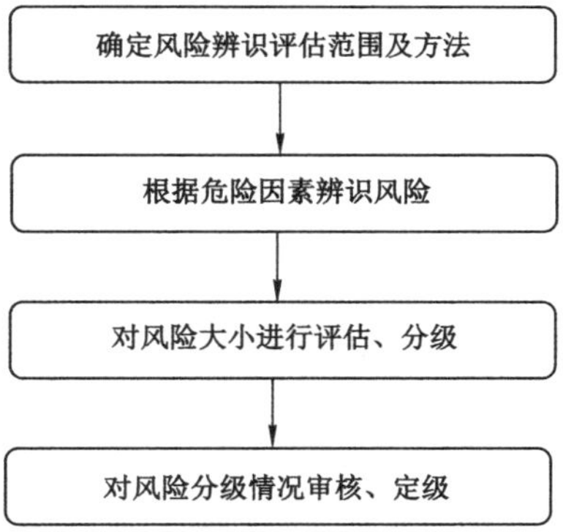

图 5-3 风险辨识与评估工作流程图

【工作常见问题】

(1) 风险辨识不规范、不全面。

解答：提升意识，确保团队了解风险辨识的重要性，并提供培训以提高辨识能力。使用工具和模板，提供标准的风险辨识工具和模板，以确保辨识过程规范和全面。

(2) 风险等级评估不准确。

解答：明确评估标准，确保团队了解和使用明确的评估标准，以避免主观性和不准确性。多角度评估，结合不同专业领域的意见，进行多角度评估，确保全面考虑各种风险。

(3) 风险等级评估结果有争议。

解答：可以对持有不同观点的人员进一步解释安全风险辨识评估的含义，以企业的实际情况、数据等为依据，协调不同观点。如果确实难以协调，一方面可以以不同人员意见的均值作为风险可能性或后果严重性的分值进行计算，或扩大评估范围，取多人观点的均值。另一方面也可以将争议提交该风险管控专业方面的更高层级部门确认，如分管负责人、总工程师等。

【工作成果】

煤矿风险清单，应包括风险点、危险因素、风险类型、风险等级、检查专业等信息，见表 5-10。

表 5-10　煤矿风险清单

风险点	危险因素	检查项目	风险类型	风险等级	检查专业
综(放)采工作面	顶板	顶板压力	冒顶片帮	较大风险	采煤
综(放)采工作面	顶板	工作面布置	冒顶片帮	较大风险	采煤
综(放)采工作面	顶板	巷道失修	冒顶片帮	较大风险	采煤
综(放)采工作面	顶板	初撑力	冒顶	低风险	采煤
综(放)采工作面	顶板	单元支架、单体	冒顶	低风险	采煤
综(放)采工作面	顶板	支架	冒顶	低风险	采煤
综(放)采工作面	顶板、水、冲击地压等	过地质构造、老硐等	冒顶片帮、水灾、冲击地压	重大风险	采煤
综(放)采工作面	水	离层水	水灾	重大风险	采煤
综(放)采工作面	煤尘	积尘	煤尘爆炸	较大风险	采煤
综(放)采工作面	煤尘、瓦斯	断面	煤尘爆炸、瓦斯超限	低风险	采煤

表 5-10(续)

风险点	危险因素	检查项目	风险类型	风险等级	检查专业
综(放)采工作面	电器设备	淋水	漏电	低风险	采煤
掘进工作面	煤尘	工作面空气中煤尘含量	煤尘爆炸	重大风险	掘进
掘进工作面	煤尘	转载点喷雾	煤尘爆炸	重大风险	掘进
掘进工作面	煤尘	掘进机喷雾	煤尘爆炸	重大风险	掘进
掘进工作面	瓦斯	高冒点	瓦斯爆炸	重大风险	掘进
掘进工作面	瓦斯	甲烷传感器	瓦斯爆炸	重大风险	掘进
掘进工作面	水	排水管路	水灾	一般风险	掘进
掘进工作面	水	水泵	水灾	一般风险	掘进
掘进工作面	水	水仓	水灾	一般风险	掘进
掘进工作面	水	煤矿水文地质资料收集不齐全	水灾	重大风险	掘进

【案例】

案例一:危险因素识别。

A 煤矿危险因素识别

A 煤矿在辨识过程中针对划分出的风险点类型,梳理风险点下的危险因素。危险因素包括设备设施、作业环境、作业活动和其他因素。针对作业活动,A 煤矿辨识小组单独将煤矿生产过程中的作业活动列举出来,包括常规作业活动和非常规作业活动。常规作业活动以岗位作业活动为主;非常规作业活动以专项辨识要求中列举的作业活动为主,如启封密闭、煤仓疏通、石门揭煤等。

综掘工作面作业环境类和设备设施类危险因素台账示例见表 5-11。

表 5-11 综掘工作面作业环境类和设备设施类危险因素台账

序号	风险点	危险因素	辨识单位	辨识人员	备注
1	××综掘工作面	煤尘	通风科	李××	
2	××综掘工作面	顶板	生产科	张×	

表 5-11(续)

序号	风险点	危险因素	辨识单位	辨识人员	备注
3	××综掘工作面	瓦斯	通风科	赵××	
4	××综掘工作面	水	地测科	王××	
5	××综掘工作面	火	通风科	赵××	
6	××综掘工作面	甲烷	通风科	李×	
7	××综掘工作面	局部通风机	机电科	李×	
8	××综掘工作面	带式输送机	机电科	李×	
9	××综掘工作面	刮板机	机电科	李×	
10	××综掘工作面	综掘机	机电科	李×	
11	××综掘工作面	移动变压器	机电科	李×	
12	××综掘工作面	隔爆开关	机电科	李×	
13	××综掘工作面	…	…	…	

案例二：安全风险评估。

A煤矿安全风险评估

A煤矿辨识小组首先根据规程规范中重大风险认定情形进行确认，若有符合重大风险认定情形的风险，则直接认定为重大安全风险；若没有，则利用风险矩阵法或作业条件危险性分析法进行风险等级评估。

A煤矿用作业条件危险性分析法评估“主斜井存在煤尘含量超限导致煤尘爆炸的风险”风险：

L：可能性，即煤尘爆炸的可能性，取值0.1(实际不可能)；

E：暴露频度，取值6(每天工作时间内暴露)；

C：后果，取值40(3～9人死亡)；

D：风险大小，$0.1\times6\times40=24$。

查表，D值在“<70”区间，即低风险，则：“主斜井存在煤尘含量超限导致煤尘爆炸的风险”风险等级为：低风险。

煤矿最终风险辨识评估结果示例见表5-12。

表 5-12 A 煤矿风险辨识评估结果示例

风险点	危险因素	检查项目	风险类型	风险描述	风险等级
主斜井	煤尘	煤尘含量	煤尘爆炸	主斜井存在煤尘含量超限导致煤尘爆炸的风险	低风险
	火	消防器材	火灾	主斜井存在消防器材失效导致火灾事故扩大的风险	低风险
		防火铁门	火灾	主斜井存在防火铁门失效导致火灾事故扩大的风险	低风险
		一氧化碳	中毒和窒息	主斜井存在产生一氧化碳超限导致人员中毒和窒息风险	低风险
	带式输送机	胶带保护	机械伤害	胶带保护存在失效导致机械伤害致人伤亡的风险	一般风险
		滚筒	机械伤害	胶带滚筒存在运输机械伤害致人伤亡的风险	一般风险
		胶带接头	运输	胶带接头存在断裂导致运输事故的风险	一般风险
		沿线护栏	物体打击	胶带沿线护栏失效存在物体打击伤人的风险	一般风险
	架空人车装置	架空人车装置保护	机械伤害	架空人车装置存在保护失效导致机械伤害致人伤亡的风险	一般风险
		钢丝绳	运输	架空人车装置存在钢丝绳不符合标准导致运输事故的风险	一般风险

5.5 安全风险管控措施制定

【工作目的】

安全风险管控措施是根据风险评价的结果制定的，结合国家、行业、省（自治区、直辖市）以及上级单位等制定的与安全生产相关的各项法律法规、标准规程、制度文件等的要求，编制对各个风险的管控措施和要求，将所有风险都控制在可以接受的程度，保障安全生产工作。

【工作主要内容】

煤矿应根据安全生产法律法规、标准规程、制度文件，包括《煤矿安全规程》《防治煤与瓦斯突出细则》《煤矿防治水细则》《防治煤矿冲击地压细则》《煤矿防灭火细则》，以及安全生产标准化管理体系各要素的要求等，并结合实际情况，制定安全风险管控措施。管控措施需遵循安全、可行、可靠的原则，从工程技术措施、管理措施、培训教育措施、个体防护措施、应急处置措施五个方面制定具体管控措施。

【工作组织部门与人员】

“年度安全风险辨识评估”工作组人员，安全生产管理部门牵头组织。

【工作参与部门与人员】

参加安全风险辨识评估方法培训并具备风险辨识评估能力的人员，重点是副总工程师和相关科室（部门）、区队（车间）人员。

【工作流程】

(1) 各相关科室、区队按照分工，结合本矿的实际情况，对辨识出的风险依次编制管控措施。

(2) 各部门和人员要将编制好的风险管控措施提交给风险的具体管控部门、人员征求意见。风险的具体管控部门、人员重点审核管控措施的可操作性以及与企业实际的一致性。负责编制管控措施的各部门和人员根据反馈的意见修改风险管控措施。

(3) 各部门和人员要将修改好的风险管控措施提交煤矿安全生产管理部门，由其审核、反馈修改后，提交各专业负责人或直接提交给企业总工程师进行审核。

(4) 负责编制安全风险管控措施的各部门和人员根据各专业负责人或总工程师提出的意见修改后，提交安全生产管理部门。

(5) 安全生产管理部门将最终的安全风险管控措施整理完毕，提交总工程师签字后，由矿长签发年度安全风险辨识评估报告，准备下发。

(6) 煤矿各分管负责人可按照审查通过的风险管控措施,组织风险管控措施落实工作。在落实过程中,各部门要严格按照风险管控措施规定,确保风险管控措施在实践中得到有效执行。如果管控措施不到位,应作为隐患进行治理或制定管控方案。

【工作成果】

煤矿年度风险辨识评估报告、安全风险台账。

【工作常见问题】

(1) 安全风险管控措施编制工作量大,不同人编制内容完全不同,质量难以保证。

解答:安全风险管控措施来源多样,而且要与现场结合,不同人理解往往差别较大。在实际工作中,可以由安全生产管理部门牵头,合并相同风险,编制完成后在该风险的管控责任单位内部征求意见完善。这样可以有效减少工作量,而且能够保证编制的质量和规范性,也具有很好的可复用性。

(2) 管控措施制定无法有效实施,无法检查验证。

解答:管控措施制定时,重点要考虑可操作性,尤其是检查人员、管控人员在对应场景下的工作是否能够落实。如果存在大量不能实施的情况,应向实际检查人员、管控人员征求意见,或组织编制人员进行再次培训。

其次还要建立管控措施持续完善制度,定期对管控措施进行评估和审查,持续改进,不断提高管控措施的质量、针对性、有效性。

(3) 管控措施反复修改,无法得到主要责任人或总工程师的认可。

解答:需要在前期培训中就向以主要责任人和总工程师为代表的所有管理人员、技术人员强调两个问题:第一,安全风险管控措施的关键在于能够落地,不需要过于追求文本的完美;第二,安全风险管控措施可以在管控过程中不断完善,只要保证其能够在企业有效运行即可。

【案例】

A煤矿安全风险管控措施制定

A煤矿针对辨识出的每一条风险制定了相应的管控措施，形成的部分台账见表5-13。

表5-13　A煤矿安全风险管控措施制定

<table>
<tr><th>风险点</th><th>危险因素</th><th>检查项目</th><th>风险类型</th><th>风险描述</th><th>风险等级</th><th>管控措施</th><th>责任岗位</th></tr>
<tr><td rowspan="6">主斜井</td><td rowspan="2">煤尘</td><td rowspan="2">煤尘含量</td><td rowspan="2">煤尘爆炸</td><td rowspan="2">主斜井存在煤尘含量超限导致煤尘爆炸的风险</td><td rowspan="2">低风险</td><td>1. 必须及时清除巷道中的浮煤，清扫、冲洗沉积煤尘或者定期撒布岩粉；应当定期对主要大巷刷浆</td><td>煤矿防尘工</td></tr>
<tr><td>2. 煤尘中游离 SiO 含量＜10%，粉尘监测应当采用定点监测、个体监测方法</td><td>通风工</td></tr>
<tr><td rowspan="4">火</td><td>消防器材</td><td rowspan="2">火灾</td><td>主斜井存在消防器材失效导致火灾事故扩大的风险</td><td rowspan="2">低风险</td><td>1. 消防材料和工具的品种和数量应符合有关规定，并定期检查和更换；消防材料和工具不得挪作他用</td><td>区队长</td></tr>
<tr><td>防火铁门</td><td>主斜井存在防火铁门失效导致火灾事故扩大的风险</td><td>2. 进风井口应当装设防火铁门，防火铁门必须严密并易于关闭，打开时不妨碍提升、运输和人员通行，并定期维修；如果不设防火铁门，必须有防止烟火进入煤矿的安全措施</td><td>安全检查工</td></tr>
<tr><td rowspan="2">一氧化碳</td><td rowspan="2">中毒和窒息</td><td rowspan="2">主斜井存在产生一氧化碳超限导致人员中毒和窒息风险</td><td rowspan="2">低风险</td><td>1. 有自然发火危险的煤矿，必须定期检查一氧化碳浓度、气体温度等的变化情况；一氧化碳最高允许浓度为0.002 4%</td><td>瓦斯检查工</td></tr>
<tr><td>2. 抢救人员在灭火过程中，必须指定专人检查甲烷、一氧化碳、煤尘、其他有害气体浓度和风向、风量的变化，并采取防止瓦斯、煤尘爆炸和人员中毒的安全措施</td><td>矿山救护队</td></tr>
</table>

5.6　安全风险管控清单

【工作目的】

在识别和评估风险的基础上，编制安全风险管控清单，明确各部门、岗位的安全风险管控责任。按照公司级、科（部）室级、区队（车间）级、班组级层次进行分级，结合各部门、岗位所负责的专业、工作，建立明确的风险分级管控清单并下发，落实企业主要负责人、分管负责人、各级管理人员和一线岗位员工在风险管控方面的职责和任务，确保各项管控措施都有人管，安全双重预防机制能够得到落实。

【工作主要内容】

根据年度安全风险辨识评估的结果和专项安全风险辨识评估的结果，编制面向所有部门、人员的安全风险管控清单，并根据实际情况及时更新。

【工作组织部门与人员】

安全管理部门及相关人员。

【工作参与部门与人员】

参加安全风险辨识评估的人员，以及矿长、总工程师、各分管负责人、副总工程师和相关科室（部门）、区队（车间）、班组、关键岗位人员。

【工作流程】

安全风险管控清单编制流程如图 5-4 所示。

(1) 按照煤矿管控层级、专业，将正式确定的煤矿安全风险台账分解，形成各部门、岗位的安全风险管控清单，也称安全风险管控责任清单。明确上一级负责管控的风险下一级必须同时负责管控，重大风险由煤矿矿长管控，较大风险由分管负责人和科室（部门）管控，一般风险由区队（车间）负责人管控，低风险由班组长和岗位人员管控。

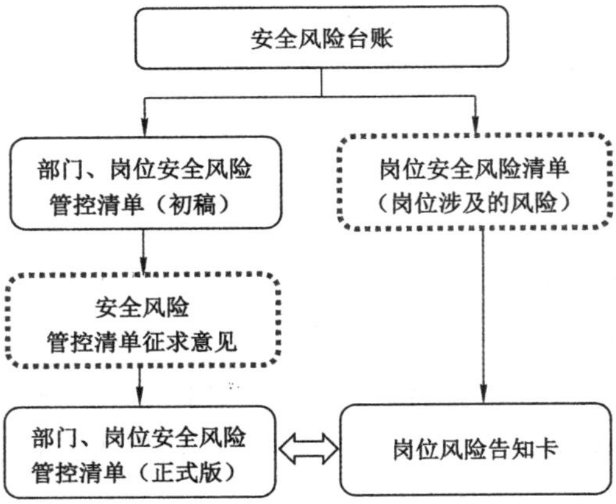

图 5-4　安全风险管控清单编制流程图

(2) 可将风险清单下发至各部门、岗位征求意见，根据征求意见进行调整，并对需要调整到年度辨识评估结果的内容进行记录，在后续的完善中予以修改。

(3) 根据各岗位工作所在风险点等情况，可以从安全风险辨识评估结果中析出岗位风险清单，应制定岗位风险告知卡。

(4) 下发各部门、岗位的安全风险管控清单，并组织员工对岗位、地点存在的风险以及各自部门、岗位的安全风险管控清单进行培训，确保全员都了解自己所在风险点的风险情况、防范措施和应急措施，以及自己需要管控的风险、管控措施及其标准等。

(5) 安全风险管控清单根据专项辨识和持续改进工作及时更新，并根据需要更新岗位风险告知卡。

【工作成果】

各层级人员安全风险管控清单、岗位风险告知卡。

【案例】

A 煤矿在风险辨识完成后，结合相关标准规范制定了相应的风险管控清单。包括：矿长风险管控清单、分管负责人风险管控清单、副总工程师风险管控清单、各部门风险管控清单、各区队风险管控清单、班组风险管控清单和岗位风险告知卡。

矿长是煤矿双重预防工作的第一责任人，负责组织和落实全矿重大风险管控方案。矿长风险管控清单即为煤矿的重大风险管控清单(见表 5-14)。

表 5-14 A 煤矿矿长风险管控清单

风险点	危险因素	检查项目	风险类型	风险描述	风险等级	管控措施	直接责任岗位
综采工作面	瓦斯	上隅角	瓦斯爆炸	综采工作面上隅角易产生瓦斯积聚，存在瓦斯爆炸事故的风险	重大风险	按规定在采煤工作面上隅角、其他工作面、回风流巷等地安设瓦斯传感器，通过监控系统平台实时关注工作面瓦斯变化情况	安全仪器监测工
综采工作面	煤体	采空区	火灾	2# 煤层具有自燃性，采空区遗煤存在自然发火事故的风险	重大风险	严格落实注氮泵日常检查维护，每周进行试验，确保注氮泵时刻处于完好状态。 工作面配备喷洒阻化剂设备，根据自然发火观测情况采取相应措施。 组织开展采空区自然发火观测工作，利用采空区布置的束管每天采样分析、每周对地面抽采管路内的气体进行采样分析。 发现 CO 等自然发火标志性气体浓度有明显变化升高等现象时，及时采取相应措施停止地面钻孔抽采，对采空区进行注氮	注氮泵司机、防尘工、束管监测工
综采工作面	煤尘	煤尘	煤尘爆炸	2# 煤层具有爆炸性，采煤作业产生大量煤尘，存在煤尘爆炸事故的风险	重大风险	定期清扫设备和冲洗巷道煤尘。防尘工定期对巷道进行洒水灭尘，清扫设备积尘。 工作面必须设置净化水幕，同时各转载点设置转载喷雾，并做到使用正常。 加强机组内外喷雾的使用管理。综采队必须保证机组内外喷雾完好且压力符合规定要求，同时使用机组喷雾加压泵等辅助除尘设备。 严格按照规定安设隔爆设施。通风区负责在采煤工作面运输巷按照规定设置隔爆设施	防尘工、采煤机司机
综采工作面	顶板	构造段	冒顶(片帮)	综采工作面揭露构造期间顶板稳定性差，存在冒顶(片帮)导致顶板事故的风险	重大风险	采煤机割煤要慢行，割煤后及时拉架，并伸出液压支架伸缩梁，打紧护帮板，严禁空顶； 采煤机割煤，顶底板要割平。防止支架出现台阶状，造成架间漏煤； 过断层期间，采高必须根据工作面煤厚调整，最低采高不低于 3.0 m，保证煤机正常伺机过机，支架正常拉架	采煤机司机、支架工

A煤矿爆破工岗位风险告知卡见表5-15。

表5-15　A煤矿爆破工岗位风险告知卡

<table>
<tr><td colspan="4">岗位安全风险告知卡</td></tr>
<tr><td>岗位名称</td><td>爆破工</td><td>主要危险因素</td><td>炮掘</td></tr>
<tr><td colspan="2">安全标志</td><td>可能导致的事故类型</td><td>爆炸</td></tr>
<tr><td colspan="2">
</td><td>风险管控措施</td><td>1. 装药要严格按照措施要求施工，封孔质量要达标，防止因封孔不实造成拒爆和穿孔；
2. 严格执行“一炮三检”制度；
3. 爆破前必须对爆破地点风筒进行保护，保证正常供风；
4. 装药前必须将巷道内所有的电气设备进行停电闭锁；
……</td></tr>
<tr><td>应急电话</td><td>××</td><td>应急处置措施</td><td>1. 事故无法控制，危及安全时选择正确避灾路线迅速撤离；
2. 无法及时到达安全地点时，选择安全区域，等待救援；
3. 立即汇报调度中心和区队值班室，汇报清事故发生的性质、时间、地点、灾区人数，危害程度等；
……</td></tr>
</table>

5.7　《重大安全风险管控方案》编制

【工作目的】

(1) 比制定安全风险管控措施更加重要的是落实，因此为了保证重大安全风险管控方案能够真正在企业中操作，要求编制《重大安全风险管控方案》，将抽象的管控措施细化为具体的计划和任务。通过具体的任务，责任人能够清晰了解应该采取什么行动，以及如何有效地实施措施，实现安全风险管控工作的可操作、可考核。

(2) 重大安全风险通常所需要的管控措施要求更多，且技术方案比重较大。随着技术的发展，企业也会不断采用新技术升级对重大风险的管控。类似这种情况无法在年度安全风险辨识评估中反映，且对于主要责任人而言，管控风险方式多样，并不局限于现场检查。而编制《重大安全风险管控方案》可以将一年内本企业对各重大风险的管控方法、举措等都包含，更加适合重大风险管控的要求。

【工作主要内容】

(1) 根据年度安全风险辨识评估的结果，制定《煤矿重大安全风险管控方案》，制定针对性的管控措施及人员、资金保障。方案要包含对下一年度生产计划、灾害预防和处理计划、应急救援预案、安全培训计划、安全费用提取和使用计划等提出意见。

(2) 由总工程师组织相关科室（部门）、区队（车间）相关人员会审，最终确定《煤矿重大安全风险管控方案》。

(3) 企业将《煤矿重大安全风险管控方案》上报到上级公司。

(4) 将《煤矿重大安全风险管控方案》分解到主要责任人等相关人员的月度安全生产责任之中。

(5) 专项辨识中新增重大风险时，应及时修订本年度剩余时间的《煤矿重大安全风险管控方案》。

【工作组织部门与人员】

由矿长、总工程师、分管负责人等组织成立重大安全风险管控工作方案小组，组织召开会议并进行管控措施的有效性讨论。可在年度安全风险辨识评估结果审核时一并进行确认。

【工作参与部门与人员】

参加安全风险辨识评估的人员，以及矿长、总工程师、各分管负责人、副总工程师和相关科室（部门）人员。

【工作流程】

矿长掌握本矿重大安全风险及管控措施并落实《煤矿重大安全风险管控方案》中重大风险管控措施；总工程师、分管负责人跟踪并落实相关范围的重大安全风险及管控措施，同时落实较大风险管控措施；副总工程师、科室（部门)负责人、区(队)长、班组长和关键岗位从业人员掌握作业区域和本岗位的安全风险及管控措施。《重大安全风险管控方案》编制工作流程见图5-5。

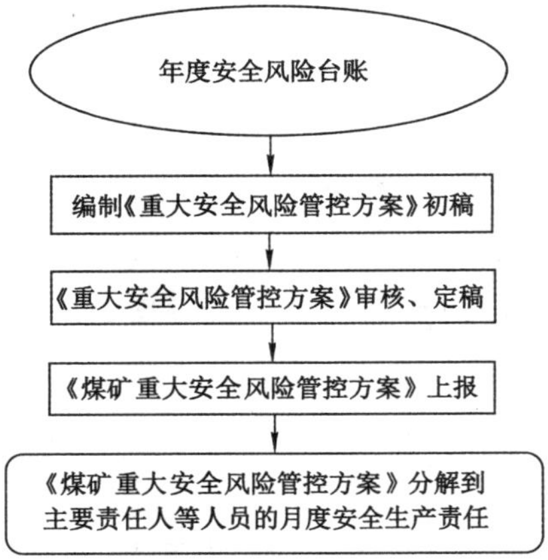

图5-5 《重大安全风险管控方案》编制工作流程

【工作成果】

《煤矿年度安全风险辨识评估报告》和《煤矿重大安全风险管控方案》。

可编制重大安全风险管控措施落实情况清单。

【案例】

A矿防灭火安全管控措施、方案及保障

1. 防止煤层自然发火的管控措施

(1) 保持灌浆防灭火系统完善,及时对采空区预埋注浆管路。

(2) 保持注氮机完好。每半月对注氮设备实验运转,每月取样分析制氮浓度。

(3) 保持注二氧化碳装置完好。

(4) 采煤工作面电站配备防灭火材料,一旦工作面回风隅角CO浓度偏高且有上升的趋势,能够及时采取措施,进行处理,防止煤炭自燃。

(5) ……

2. 防止煤层自然发火的工作方案

(1) 煤矿应成立综合防灭火领导小组。防灭火工作应由通防组负责实施操作,业务指导、管控措施落实。

(2) 井下发生火灾隐患时,总工程师必须立即召集综合防灭火领导小组及成员进行分析处理,根除隐患。

(3) 通风分区定期对密闭内外的瓦斯、二氧化碳、一氧化碳、氧气、温度、水温进行测定。

(4) 定期检查井上、下消防材料库,发现灭火器具过期及时更换,不得出现缺项或数量不足。每一消防材料库中必须指定专人负责,防尘管路与消防管路并用一条时,必须按防火要求设置三通、阀门,不定时检查消防管路、三通阀门,并保证灵敏可靠。

(5) ……

3. 人员、技术、资金保障

(1) 人员保障:对煤层自然发火风险管控措施由总工程师负责等。

(2) 技术保障:煤矿制定了综合防灭火管控措施、建立预测预报制度、防灭火责任制、防灭火管控措施及制度等。并针对排查出的风险制定整改管控措施,落实资金、责任人,限期整改,能够保障煤矿安全生产。

(3) 资金保障:将防治煤层自然发火安全风险投入资金列入保障安全投入,同时将保障安全投入提高到依法生产的高度,由重大安全风险领导小组、经营管理部等相关部门负责人在其管辖范围内按计划予以落实,做到专款专用、按时支付,不能擅自更改,不得挪作他用。

重大安全风险管控措施落实情况清单见表 5-16。

表 5-16 重大安全风险管控措施落实情况清单示例

班次	姓名	带班地点	重大风险	管控措施落实情况	管控效果
夜班			火	□束管监测□人工取样□挡风帘□拦浆墙□遗煤□备用防火材料□注防火材料洒阻化剂□注浆(氮)管路	
			煤尘	□综合防尘□冲尘□隔爆设施	
			副井	□钢丝绳□绞车□井筒装备□液压制动系统□高压开关□变压器□电缆□制动盘形闸□持证上岗	

表 5-16(续)

班次	姓名	带班地点	重大风险	管控措施落实情况	管控效果
早班			火	□束管监测□人工取样□挡风帘□拦浆墙□遗煤□备用防火材料□注防火材料洒阻化剂□注浆(氮)管路	
			煤尘	□综合防尘□冲尘□隔爆设施	
			副井	□钢丝绳□绞车□井筒装备□液压制动系统□高压开关□变压器□电缆□制动盘形闸□持证上岗	
中班			火	□束管监测□人工取样□挡风帘□拦浆墙□遗煤□备用防火材料□注防火材料洒阻化剂□注浆(氮)管路	
			煤尘	□综合防尘□冲尘□隔爆设施	
			副井	□钢丝绳□绞车□井筒装备□液压制动系统□高压开关□变压器□电缆□制动盘形闸□持证上岗	

说明:合格项在□内打√,不合格项在□内打×,未检查项在□内不打,有问题在“存在问题”栏说明。

5.8 风险辨识结果公告与宣贯

【工作目的】

(1) 公告风险辨识结果中重大风险的情况及管控措施,是行使员工知情权,一方面起到对煤矿重大风险管控措施落实情况监督的作用;另一方面也是要提醒从业人员应该注意哪些重大风险,包括在重大风险所在风险点或区域悬挂相关牌板都是这个目的。

(2) 风险辨识结果宣贯是通过培训使员工了解企业重大风险情况、本岗位相关风险及管控要求,以及本部门、岗位的安全风险管控责任,确保在日常安全生产活动中有效履责,将安全风险管控责任传递到每一个岗位上。

【工作主要内容】

在醒目位置和重点区域分别设置安全生产风险分级管控公告栏,公告存在的重大安全风险、管控责任人和主要管控措施。每年1月31日前，矿长组织将本矿年度辨识评估得出的重大安全风险清单及其管控措施报送属地煤矿安全监管部门和对应的煤矿监管机构。

组织对员工开展安全风险辨识结果的培训和宣贯。

【工作组织部门与人员】

矿长组织将相关培训任务纳入年度安全培训计划，由煤矿安全生产管理部门具体组织开展风险辨识结果公告与宣贯。由矿长组织将本矿年度辨识评估得出的重大安全风险清单及其管控措施报送属地煤矿安全监管部门和对应的煤矿监管机构。

【工作参与部门与人员】

总工程师、各分管负责人、副总工程师和相关科室（部门）、区队（车间）、班组，以及所有工作岗位人员等。

【工作流程】

风险辨识结果公告与宣贯工作流程如图5-6所示。

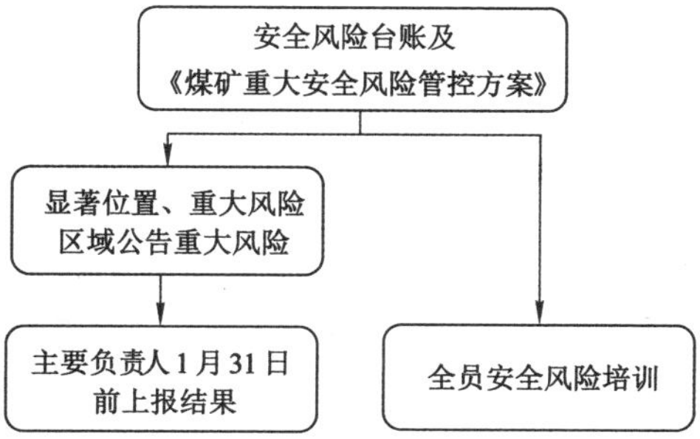

图5-6　风险辨识结果公告与宣贯工作流程图

（1）安全生产管理部门确定风险辨识结果公告内容及位置，组织相关部门张贴、悬挂。

（2）安全生产管理部门整理、完成相关材料准备，辅助主要负责人按期提交材料。

（3）安全生产管理部门督促、配合培训部门按照培训计划开展全员安全风险培训。具体培训方式、时间根据煤矿培训计划进行。

(4) 安全生产管理部门负责做好日常监督检查,对损坏的公告牌及时更换,对故意损坏公告牌板的进行处罚。

【工作成果】

(1) 煤矿安全风险四色图。

(2) 重大安全风险分级公告栏(牌)。

(3) 年度安全风险辨识结果培训档案(专项辨识评估培训记录)。

【案例】

A煤矿顶板灾害重大风险公告

A煤矿针对顶板灾害重大风险进行风险辨识结果公告,公告栏内容如表5-17所示。

表5-17　风险辨识公告栏

<table>
<tr><td>风险类别</td><td>顶板灾害风险</td><td rowspan="5">主要管控措施</td><td rowspan="5">1. 开展顶板隐蔽致灾因素普查和地质勘探工作。
2. 开展灾害风险辨识、评估。
3. 合理进行井下采掘部署和井巷布置。
4. 开展井下矿压监测。
5. 采用正规采煤方法和支护方式。
……</td></tr>
<tr><td>风险点编号</td><td>××</td></tr>
<tr><td>风险等级</td><td>重大风险</td></tr>
<tr><td>主要事故类型</td><td>顶板事故</td></tr>
<tr><td>管控级别</td><td>矿级</td></tr>
<tr><td>管控责任人</td><td>王××</td><td>应急处置措施</td><td>启动企业应急预案……</td></tr>
</table>

安全风险分级管控部分的核心内容是对安全风险的辨识评估、制定管控措施和确定安全风险管控责任,最终形成的数据对于企业双重预防机制运行非常重要,是双重预防机制能够落地的基础,同时与双重预防机制软件、硬件和网络等,共同构成了企业的双重预防信息系统。

6 煤矿隐患排查治理与数据采集

6.1 隐患排查与风险管控计划编制

【工作目的】

煤矿企业应根据年度安全风险辨识评估结果和上一年度隐患排查与风险管控情况,以及本年度的生产计划、灾防计划等数据,编制年度隐患排查与风险管控计划。

对于月度隐患排查与风险管控计划,要综合考虑年度隐患排查与风险管控计划及上月安全风险研判结果进行编制,尽可能实现风险全覆盖,并充分体现风险管控情况。对较大及以上风险加大管控或重点开展管控,提升安全风险管控的针对性。

月度隐患排查与风险管控计划及每月的安全风险研判为煤矿企业主要负责人、各分管负责人和部门安全管理人员后续隐患排查、安全风险管控开展及安全生产责任考核工作提供了依据。月度安全风险研判反映煤矿当前安全风险的变化情况,而年度安全风险辨识主要体现煤矿初始风险的情况,因此月度隐患排查计划制订要兼顾初始和动态风险辨识研判,只有这样才能将初始风险与风险变化情况紧密结合起来。

【工作主要内容】

将安全风险管控措施与隐患排查任务融合,编制本月度各部门、岗位,各种类型事故隐患排查的具体要求，如时间、人员安排、时长、频率等，宜对事故隐患排查中涉及的风险点进行明确。

【工作组织部门与人员】

煤矿企业的安全生产管理部门负责组织和协调，具体由安全专业人员负责。

【工作参与部门与人员】

本部分工作可由安全生产管理部门负责编制或由各部门编制后提交安全生产管理部门审核、备案。

【工作流程】

(1) 年度隐患排查与风险管控计划编制

年度隐患排查与风险管控计划可以由安全生产管理部门负责编制、下发，也可以由安全生产管理部门组织，矿属各单位具体编制，最后由安全生产管理部门汇总、审核、下发。这种方式流程较为简单，在此不再赘述。以下对另一种方式工作流程进行介绍：

1) 每年年底由煤矿企业安全生产管理部门负责人对本年度全矿隐患排查与风险管控工作进行总结，分析当前隐患排查工作水平与风险管控效果。

2) 由矿长组织次年的年度隐患排查与风险管控计划编制，对当前年度隐患排查工作计划与风险管控情况进行通报，并安排矿属各单位编制任务。

3) 编制工作期间，安全生产管理部门保持与各相关单位及人员沟通交流，以本年度安全风险辨识评估结果和隐患排查工作水平与风险管控情况总结为基础，结合次年的生产作业计划、灾害防治计划等资料文件，明确各责任单位(责任人)年度与月度的隐患排查与风险管控目标，以及各专业排查重点内容等相关信息。

4) 安全生产管理部门汇总矿属各单位的隐患排查计划后，经过审核、修改，报主要负责人审批。

5) 将已形成的年度隐患排查与风险管控计划进行全矿公示，作为次年的隐患排查与风险管控工作的指导。

(2) 月度隐患排查与风险管控计划编制

煤炭企业每月在年度隐患排查与风险管控计划基础上根据上月隐患排查、治理情况、本月生产计划等信息，编制本月的隐患排查与风险管控计划，工作流程见图6-1。

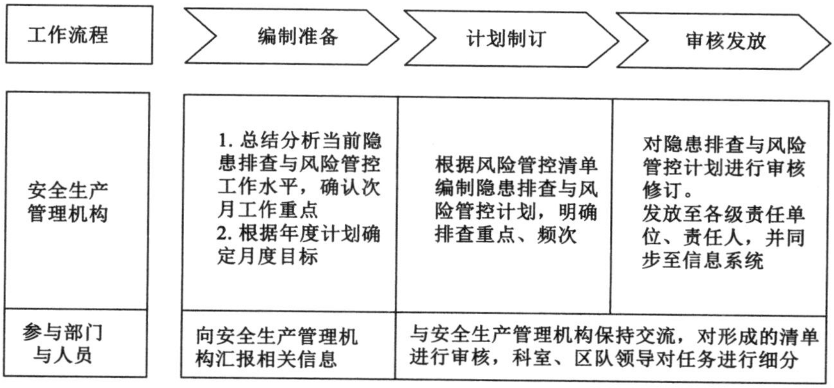

图6-1 月度隐患排查与风险管控计划编制工作流程图

1) 每月底由煤矿安全生产管理部门总结各专业、各部门隐患排查与风险管控工作落实情况，分析当前风险管控水平，确定次月隐患排查与风险管控的重点。

2) 每月底由煤矿安全生产管理部门负责编制次月隐患排查与风险管控计划清单，针对副总及以上矿领导编制个人月度隐患排查与风险管控计划清单，针对各业务科室(部门)、生产组织单位(区队)编制单位月度隐患排查与风险管控计划清单。编制工作应基于年度隐患排查与风险管控计划展开，保证完成既定的年度及月度目标。

3) 将形成的月度隐患排查与风险管控计划清单下发责任人及责任单位，并将清单录入信息系统。

4) 各业务科室(部门)、生产组织单位(区队)在收到本单位的月度隐患排查与风险管控计划清单后，由部门负责人将隐患排查与风险管控任务向各班组、岗位进行合理细分，确保完成计划目标。

【工作常见问题】

(1) 隐患排查计划与风险管控内容、责任脱节，怎么办？

解答：隐患排查与风险管控计划制订时要与企业安全风险分布情况、之前隐患排查治理情况，以及下月生产计划等紧密结合，使隐患排查具有针对性。在具体开展隐患排查时，排查任务要与风险管控责任清单相关联，这样不但可以保证工作质量，还能确保各方履责。

(2) 隐患排查与风险管控计划与传统的隐患排查计划有何区别？

解答：传统的隐患排查计划主要依靠检查人员的经验和知识开展隐患排查，查哪里、查什么有较大的随意性。隐患排查与风险管控计划则更加注重从源头控制风险，提升了隐患排查的针对性，也就是说哪里出现隐患的可能性高，就重点排查哪里。在按安全风险管控清单要求排查或管控之外，在隐患排查过程中发现的其他隐患可按照传统的隐患排查工作处理。

(3) 设定隐患排查与风险管控频次有何意义？

解答：通过设定一定的排查频次，使责任单位和责任人主动履行隐患排查与风险管控责任，能够及时发现可能出现的隐患，尽快采取措施进行治理。此外，设定排查频次、风险点后，一方面可使责任清晰，隐患排查可操作，另一方面也有助于考核工作的进行，督促各方履责。

【工作成果】

(1) 年度隐患排查与风险管控计划(通告或方案)。

(2) 月度隐患排查与风险管控计划(清单)。

【案例】

案例一：年度隐患排查与风险管控计划(通告)。

××煤矿2024年年度隐患排查与风险管控计划

尊敬的领导和同事们：

在过去一年，我矿积极组织力量开展了煤矿隐患排查与风险管控工作，并取得以下成果：

(1) 针对巷道支护问题……

(2) 在通风系统方面……

(3) 对于电气设备的隐患……

……

根据公司隐患排查与风险管控工作制度要求，就 2024 年隐患排查与风险管控具体工作安排如下：

(1) 年度目标与季度目标：

年度目标：完成××工作，降低重大隐患条数至××条。

季度目标：……

(2) 排查范围：

地面、井下各作业地点和要害部位。

(3) 排查重点内容：

1) 采掘专业：重点采掘作业地点顶板管理……

2) 机电、运输专业：重点对井下机电、运输……

3) 通风专业：重点对通风系统、防尘管理……

4) 参加人员及专业分组：

采掘专业：……

机电、运输、调度和地面设施：……

通风专业：……

案例二：月度隐患排查与风险管控计划(清单)。

(1) 副总及以上领导月度隐患排查与风险管控计划(示例见表 6-1)

表 6-1 副总及以上领导月度隐患排查与风险管控计划

序号	风险点	排查项目	风险描述	风险等级	管控措施	排查频次	备注
1	＊＊采煤工作面	……	……	重大风险	……	10 次/月	
2	＊＊采区变电所	……	……	一般风险	……	5 次/月	
……							

(2) 机电科月度隐患排查与风险管控计划(示例见表 6-2)

表 6-2 机电科月度隐患排查与风险管控计划

序号	风险点	排查项目	风险描述	风险等级	管控措施	排查频次	排查责任人	备注
1	**采煤工作面	……	……	重大风险	……	30 次/月	科长:张××	
2	**采区变电所	……	……	一般风险	……	15 次/月	科长:张××	
……								

6.2 隐患排查与数据采集

【工作目的】

开展隐患排查,及时发现风险管控过程中出现的缺失、漏洞,并将相关数据及时记录,为后续的治理、分析提供依据。

【工作主要内容】

按照隐患排查计划,开展月度排查、半月度排查、季度排查、矿领导带班排查、日常排查、专项排查、岗位排查等工作,在隐患排查过程中,将安全风险管控措施确认与隐患排查任务融合,确保实现对重要风险管控措施的全覆盖。事故隐患的来源有两类:一是根据不同岗位人员定期进行隐患排查时发现的事故隐患,二是通过系统对数据采集、监测和判断,自动生成的潜在事故隐患。

(1) 依据月度隐患排查计划,按照设备设施、作业环境、作业活动等类别,组织开展排查工作。检查要严格参照安全风险管控清单中责任范围,当风险管控措施失效时即记为隐患,发现事故隐患要及时记录、下发,并进行整改。

(2) 将与安全相关的信息系统数据纳入双重预防系统中,主要包括设备运行状况,针对瓦斯、粉尘、水害、顶板、火灾等的监测数据,以及工业视频数据、人员定位数据等。隐患上传方式可通过工作人员巡检时进行远程上传或系统自动采集监测数据与其设定阈值进行比较判定,当发现存在的事故隐患后,自动下发至责任单位。

【工作组织部门与人员】

隐患排查的工作根据排查类型由该排查工作的最高责任人负责组织和

协调。

【工作参与部门与人员】

参与隐患排查的各级人员。

【工作流程】

(1)排查组织

煤矿应以安全风险管控措施为依据,采用月度排查、半月度排查、季度排查、矿领导带班排查、日常排查、专项排查、岗位排查等多种方式进行隐患排查工作。对于月度排查、半月度排查、专项排查,应在排查前制定工作方案。工作方案见表6-3。

表6-3 隐患排查工作方案

排查方式	排查人员	排查范围	排查周期	排查内容
月度排查	矿长组织总工程师、分管负责人、副总工程师及相关科室(部门)、区队(车间)负责人	全矿	每月至少一次,排查时间由矿长组织确定	重大安全风险管控措施落实情况、管控效果及覆盖生产各系统、各岗位的隐患
半月度排查	专业分管负责人组织各专业相关人员	专业覆盖分管范围	每半月至少一次,各专业排查时间由分管负责人确定	覆盖分管范围的重大安全风险管控措施落实情况、管控效果和隐患
专项排查	根据专项排查具体内容确定参与人员	依据具体排查内容而定	排查时间依据具体情况而定	至少应包括重大安全风险管控措施落实情况、管控效果及覆盖生产各系统、各岗位的隐患

对于矿领导带班排查,矿领导带班下井过程中应检查带班区域重大安全风险管控措施落实情况,并对隐患排查情况进行详细记录。

对于日常排查及岗位排查,生产期间责任人应掌握责任范围内存在的风险及管控措施,安排相关人员对作业区域开展隐患排查。在排查过程中应结合月度隐患治理会议要求,对负责的风险管控重点进行排查。岗位排查时还应时刻关注作业过程中现场风险的变化情况,随时做好岗位风险研判。

(2) 数据采集

1）隐患排查记录：也可视为安全风险管控记录，明确各部门、岗位开展隐患排查工作的情况，为后续履责考核提供数据基础。

2）隐患信息记录：通常情况下隐患数据指的就是隐患信息，主要是排查时发现的隐患信息，包括在安全风险管控措施确认时发现措施落实不到位形成的隐患，以及在安全风险管控责任范围之外发现的隐患。后者需要明确隐患信息、管控措施、责任单位等。

3）智能化数据采集：通过数据接口从其他相关系统上进行数据采集。根据数据处理规则，对采集到的数据进行判定，并将存在隐患的信息下发责任单位。

（3）隐患评估定级

煤矿隐患分为重大隐患和一般隐患，一般隐患分为A、B、C、D四个等级，相关人员要对发现的隐患进行评估定级，隐患分级细则见表6-4。

表6-4　隐患分级

隐患等级		判断依据
重大隐患		依照《煤矿重大事故隐患判定标准》判定
一般隐患	A级	需由煤矿或上级企业、部门协调，煤矿主要负责人组织治理，督办和验收由上一级公司负责的隐患
	B级	需由煤矿分管负责人或科室（部门）组织治理的隐患
	C级	由煤矿区队（车间）主要负责人组织治理的隐患
	D级	现场能够立即治理完成的隐患

（4）隐患台账

安全生产管理部门将各类隐患排查发现的隐患统一汇总形成隐患台账，应包括排查日期、排查类型、排查人、隐患地点（风险点）、隐患描述、专业、隐患等级、治理措施、责任单位、责任人、督办单位、督办人、治理期限、验收人、销号日期等。煤矿应将隐患信息录入信息系统，实现隐患治理、督办、验收、分析信息化。

【工作常见问题】

（1）多人同时发现的隐患应由何人进行录入工作？

解答:可以在信息系统中记录所有参与人同时参与隐患排查与风险管控计划的履职情况,但应约定某个人员对隐患进行一次录入。

(2) 外部检查发现的事故隐患是否要录入事故隐患台账?

解答:需要录入事故隐患台账,注明事故隐患来源,将来事故隐患闭环后还要反馈检查单位。

(3) 隐患排查数据是否可以直接保留电子数据。

解答:原则上电子数据即可反映履责情况,但如果上级有要求留存纸质版信息,可对隐患排查数据进行定期打印并签字存档。

(4) 隐患排查发现的事故隐患和安全风险管控发现的隐患是否一致?

解答:两类事故隐患在处理上没有区别,但在数据录入和责任落实上存在差别。对于隐患排查发现的事故隐患,属于责任范围之外,在录入时信息量相对较大,而对于安全风险管控发现的隐患,追责时可以很明确地找到相应的责任人,且数据录入相对简单。在后续分析时,可以根据需要针对隐患排查发现的事故隐患制定管控措施及责任人,并纳入安全风险管控范围。

【工作成果】

(1) 隐患排查方案或隐患排查记录。

(2) 事故隐患台账。

【案例】

案例一:隐患排查方案(以月度排查为例)。

××煤矿×月份月度排查工作方案

根据公司事故隐患排查工作制度要求,就×月份隐患排查具体工作安排如下:

一、排查时间:20××年×月×日

二、排查范围:地面、井下各作业地点和要害部位

三、排查内容:

(1) 采掘专业:重点排查采掘作业地点顶板管理……

(2) 机电、运输专业:重点排查井下机电、运输……

(3) 通风专业:重点排查通风系统、防尘管理………

(4) 地质灾害与测量专业:重点排查井下防治水 …

(5) 风险管控、事故隐患排查、职业卫生、安全培训和应急管理专业:重点排查“六大系统”、人员培训持证……

四、参加人员及专业分组:

采掘专业:……

机电、运输、调度和地面设施:……

通风专业:……

五、工作要求

……

案例二:隐患台账(以月度排查为例,见表 6-5)。

表 6-5 ××煤矿×月份月度隐患台账

序号	排查日期	排查类型	排查人	隐患地点	隐患描述	专业
1	×月×日	矿月度排查	张××	××采煤工作面	……	采掘
2	×月×日	矿月度排查	张××	××轨道大巷	……	运输
3	×月×日	矿月度排查	张××	××机巷	……	地测防治水
……						

6.3 隐患治理、督办与验收

【工作目的】

发现隐患后,就必须要确保隐患得到真正、按时、有效的治理。隐患督办、验收是为了保证所有的隐患能够得到治理,且在治理过程中能够准确遵守相关规定,符合技术和措施要求,既不带来新的隐患,又能使风险再次得到有效管控。

【工作主要内容】

(1) 隐患治理:依据煤矿安全生产法律法规、规章制度及相关规定,制定隐患治理方案，按照要求消除事故隐患。

(2) 隐患督办：对煤矿隐患治理工作进行过程监督，确保事故隐患按要求、按时间得到治理，及时发现和解决事故隐患治理过程中存在的问题。

(3) 隐患验收：对煤矿隐患治理工作的结果进行检查、验收，确保事故隐患真正得到彻底的治理，相关风险恢复到预期水平。

【工作组织部门与人员】

由煤矿安全生产管理部门负责煤矿隐患治理、督办和验收工作的组织和协调，并承担监督检查职责。

【工作参与部门与人员】

各生产单位和技术科室接受安全生产管理部门的指导与监督，具体落实责任范围内的隐患治理、督办和验收工作。

【工作流程】

(1) 隐患治理流程

事故隐患的治理流程分为可以当班治理完成和非当班治理完成的事故隐患两类。由于两类事故隐患的情况不同，其治理流程也有所不同，具体如图 6-2所示。

1) 事故隐患评估、分级。

管理和技术部门排查发现的隐患，可由发现人员对事故隐患进行评估、分级，然后下发对应的责任单位。

基层单位在工作中发现隐患后，由区队(科室)跟带班人员、班组长等，根据事故隐患的分级标准，对自查和监督检查中已查出的隐患进行评估、分级，判断能否自行治理，能够自行治理的自行治理，不能够自行治理的汇报安全生产管理部门。

2) 基层单位自主闭合处理隐患。

基层单位管理人员对能够自行治理的事故隐患确定整改方案，安排治理责任人，并监督治理，最终检查验收、记录。当班不能处理完毕的隐患，负责人要向值班处汇报，由值班处安排下一班次继续治理。

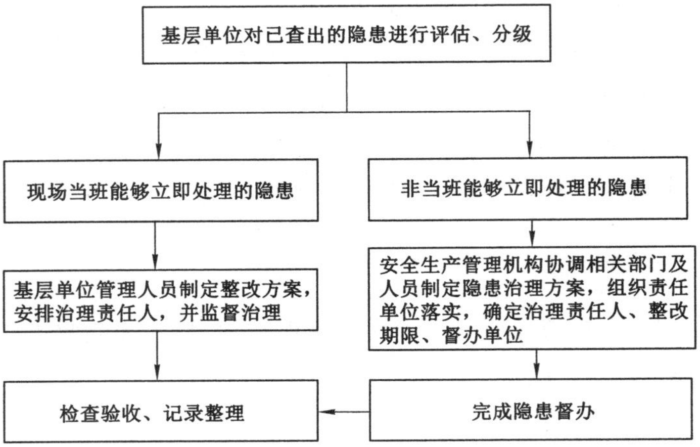

图 6-2　隐患治理流程图

3）监管部门负责组织闭合处理隐患。

对于不能够自行整治的安全隐患，由安全生产管理部门协调相关部门及人员制定隐患治理方案，明确治理责任单位（责任人）、治理措施、资金、时限，组织责任单位实施，并对隐患治理过程进行监督，对治理结果进行验收。

4）逾期未处理，验收未通过的隐患。

对于已发现而逾期未验收的隐患或验收未通过的隐患，应当提高督办单位（部门）和责任人员级别，协调督促相关部门及时采取措施对隐患进行治理。对于验收部门对验收未通过的隐患，还应及时督促相关部门重新制定整改方案并监督治理，确保隐患及时排除。

（2）隐患督办流程

对于不能立即处理完成的事故隐患，应该进行督办，流程如图 6-3 所示。由安全生产管理部门统一组织治理、督办及验收，也可以按煤矿制度明确督办和验收部门、人员。管理和技术部门排查出隐患，确定治理单位及责任人、整改期限、督办部门（人员）、治理单位，并制定安全技术措施进行整改。在整改期限到期之后，相关部门需指派验收人员对隐患整改结果进行现场验收。若整改内容或质量未达到规定的要求，则需重新制定整改期限提级督办。若隐患逾期，督办部门（人员）可在整个隐患治理期间多次进行督办，直至验收合格。

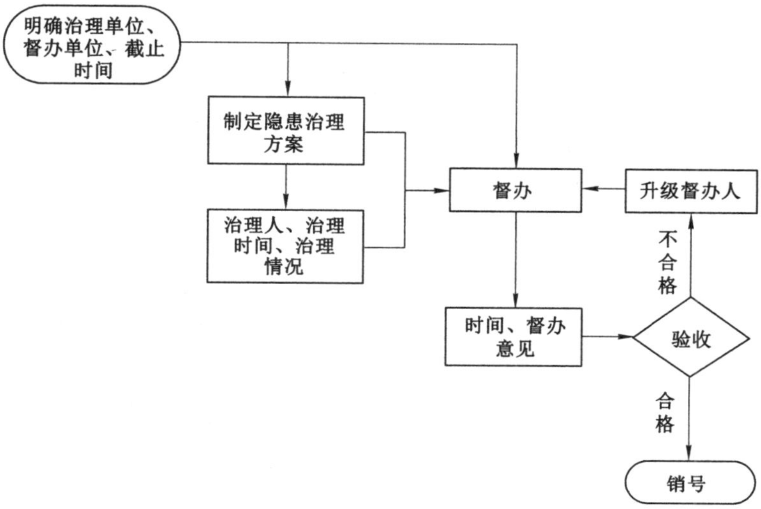

图 6-3　非当班场能够立即处理的隐患督办流程图

提级督办后，督办部门（人员）应对提级后的督办部门（人员）进行报告，帮助尽快掌握督办信息、治理过程及完成情况，并由提级督办后的督办部门（人员）增加督办记录。隐患提级督办后，原治理信息与提级督办后的信息均须准确记录，并保证可追溯。

（3）隐患验收

煤矿应根据隐患等级和隐患来源采取相应的验收销号流程，包括：

1）煤矿各岗位对自行排查发现的隐患完成治理后，由煤矿指定部门、人员负责验收，验收合格后予以销号；

2）属地煤矿安全监管部门发现的隐患，按照煤矿自身发现隐患治理的流程销号后，还应采用书面或信息系统报告发现部门或其委托部门（单位）。

【工作常见问题】

（1）一般隐患督办和验收人员应该是什么人？

解答：一般 D 级隐患治理完成后，由区队（车间）、安管员负责督办和验收。

一般 C 级隐患治理完成后，由安全生产管理部门负责督办，业务科室负责验收。

一般 B 级隐患治理完成后，由安全生产管理部门负责督办，煤矿负责验收。

一般 A 级隐患治理完成后，由上一级公司负责督办验收。

(2) 重大隐患的督办、验收应该如何处理？

解答：煤矿排查出的重大隐患，由煤矿企业自行挂牌督办；属地煤矿安全监管部门检查发现的重大隐患由属地煤矿安全监管部门予以挂牌督办，由相关安全监管部门组织验收、销号。对于逾期不改的按《安全生产法》要求进行处罚，强制执行。

(3) 移动端 App 对事故隐患的督办、验收有何意义？

解答：事故隐患的督办和验收都要求相关人员能够及时、准确了解、掌握需要督办、验收的事故隐患。这与检查人员在现场工作时的场景密切相关，因此移动端 App 的应用和联网，能够极大减小事故隐患督办、验收的难度，有助于相关制度的落地。

【工作成果】

(1) 隐患台账。

(2) 督办记录。

【案例】

案例一：隐患治理台账示例（见表 6-6）。

表 6-6　××煤矿隐患治理台账

序号	排查日期	排查类型	排查人	隐患地点	隐患描述	专业	隐患类型	隐患等级	治理措施	责任单位	责任人	治理期限	督办单位	督办人	验收人	销号日期
1																
2																
3																
4																

案例二：隐患督办记录示例。

××煤矿隐患督办记录

隐患编号：20241217

隐患等级:一般 D 级

隐患描述:××处××设备故障

治理措施:立即安排人员前往维修

治理人:张××

督办人:王××(安管员)

验收人:王××(安管员)

整改时间:2024 年 12 月 17 日

验收日期:2024 年 12 月 17 日

整改情况:经过检查,发现维修工作没有完全解决问题,重新安排进一步检修,并增加措施。

隐患编号:20231217

隐患等级:一般 C 级(提级一次)

隐患描述:××处××设备故障

提级治理措施:重新安排进一步检修,并增加措施,确保问题完全解决

督办人:李××(安监处副科长)

验收人:机电科

整改时间:2024 年 12 月 18 日

验收日期:2024 年 12 月 18 日

整改情况:合格

6.4 重大隐患与一般 A 级隐患管理

【工作目的】

(1) 预防重大事故。通过定期进行全面安全检查,及时发现和治理重大隐患和一般 A 级隐患,有助于预防重大事故的发生,助于提前识别潜在的危险,采取措施降低事故发生的概率,从而保障生产过程的安全性。

(2) 确保治理效果。重大隐患与一般 A 级隐患治理难度、后果影响等较大,涉及专业团队、技术手段和管理措施,需要重点管理。

(3) 确保煤矿安全与员工健康。通过有效管理重大隐患和一般隐患,排

查、评估和及时治理潜在危险因素，减弱事故产生的破坏性，从而保护煤矿员工的生命安全和身体健康。

【工作主要内容】

出现重大隐患时，应在事故威胁到的范围内停止生产，待隐患彻底消除后、处于安全状态下再继续生产。

(1) 制定治理方案。重大隐患由矿长按照责任、措施、资金、时限、预案“五落实”的原则，针对不同类型的隐患，组织制定专项治理方案，并组织实施，将治理方案按规定及时上报。

(2) 信息上报。煤矿企业的安全生产管理人员在检查中发现重大隐患，应向本单位有关负责人报告，有关负责人不及时处理的，安全生产管理人员可以向主管的负有安全生产监督管理职责的部门报告，接到报告的部门应当依法及时处理。

另外，煤矿企业还应执行“双报告”制度，一方面按法律法规及当地安全监管监察部门规定的期限，向上级主体单位和当地安全监管部门进行书面报告，内容应当包括：隐患的现状及其产生原因；隐患的危害程度和整改难易程度分析；隐患的治理方案和应急措施。另一方面，应向企业职工大会或职工代表大会报告。

报告内容按照被上报单位规定的内容填写，若被上报单位没有相关规定则上报内容至少应包括隐患发现时间、隐患现状及其产生原因、隐患的危害程度和整改难易程度分析等。

(3) 实施治理措施。按照制定的治理方案，采取相应的措施消除隐患。这可能涉及设备更换、工作流程优化、培训人员等多方面的工作，以确保隐患得到有效控制。

(4) 监督与验收。重大隐患应挂牌督办，对治理过程进行监督，确保隐患被有效解决，治理责任单位(部门)应及时记录治理情况和工作进展，并按规定上报。

重大事故隐患经治理后符合安全生产条件的，煤矿企业应当向安全监管监察部门和有关部门提出恢复生产的书面申请，经安全监管监察部门和有关部门审查同意后，方可恢复生产经营。申请报告应当包括治理方案的内容、项目和安全评价机构出具的评价报告等。

【工作组织部门与人员】

重大隐患由矿长牵头治理。一般 A 级隐患由煤矿治理,督办和验收由上一级公司负责。

【工作参与部门与人员】

(1) 隐患治理团队:负责隐患的排查、评估和治理工作。由技术人员、工程师、安全专家等组成,参与隐患排查、评估和治理的实际操作。提供专业技术支持,协助制定治理方案,确保治理工作的技术可行性和实施效果。

(2) 安全管理部门:负责煤矿安全管理、事故预防和隐患治理督办。开展定期的隐患排查,组织实施治理工作,监督隐患整改过程,确保治理的全面性和及时性。

(3) 员工:配合治理工作,遵守相关安全规定。配合治理团队和治理部门的工作,遵守相关安全操作规程。

(4) 应急团队:处理紧急情况和危机管理,协助应对突发事件。

(5) 督办与验收部门(上级公司):上级公司负责对煤矿的重大隐患治理工作进行督办和验收,确保治理工作的合规性和有效性。确保治理工作符合法规和公司标准,对治理计划进行审查和督办,随机抽查治理成果,进行验收。在治理工作中发现问题时,向下级单位提出整改要求,并协助解决问题。

【工作流程】

(1) 隐患发现阶段

① 定期检查与监测。安全管理部门或专业人员定期对工作场所进行检查,特别关注可能存在的重大隐患和一般 A 级隐患。

② 职工反馈与举报。职工通过内部渠道或匿名举报渠道向相关部门报告可能存在的隐患。

(2) 隐患评估与分类阶段

① 隐患识别。安全监管部门和技术部门对发现的隐患进行识别,将其

归类为重大隐患或一般A级隐患。

② 隐患评估。对隐患进行定量或定性评估，确定其可能造成的危害程度和可能性。

(3) 制定治理方案阶段

① 制定治理方案。技术部门根据隐患评估的结果制定详细的治理方案，包括治理的具体步骤、时间表、所需资源等。

② 方案审核与批准。相关部门对治理方案进行审核，牵头部门负责最终批准。

(4) 实施治理措施阶段

① 分配资源。牵头部门协调各相关部门，确保治理所需的人力、物力和资金等资源得到充分分配。

② 实施治理措施。各相关部门根据治理方案执行相应的措施，确保治理的全面性和及时性。

(5) 重大隐患挂牌督办

对于自检或上级安全监管监察部门检查发现的重大隐患实行挂牌督办，煤矿企业及时在显著位置对重大隐患进行公示。内容包括：重大隐患地点、主要内容、治理时间、责任人停工停产范围等。安全监管监察部门对挂牌的重大隐患进行督促整改、跟踪督办和执法处罚。上级安全监管监察部门应对其检查发现的重大隐患挂牌督办，定期监督检查，掌握进度。

(6) 隐患信息记录与报告

① 信息记录。确保对隐患的发现、评估、治理过程进行详细记录，形成档案。

② 报告与通报。向上级管理部门、员工和其他相关方报告隐患的发现和处理情况。

(7) 监督与验收阶段

① 监督实施。安全监管部门的监督人员负责对治理过程进行监督，确保按照方案的要求进行。

② 治理验收。牵头部门和相关部门对治理成果进行验收，确保事故隐患得到有效的控制和消除。

【工作常见问题】

(1) 治理方案可能缺乏具体的操作性,难以有效应对重大事故隐患。

解答:确保治理方案具体可行,通过专业评估和实地考察,明确"五定"要求,确保方案的可操作性。

(2) 实际治理过程中,治理措施可能遇到技术、经济、管理等方面的困难,导致实施受阻。

解答:综合考虑技术、经济、管理因素,制定切实可行的治理方案。如果出现困难,应及时向主要负责人寻求支持,尽快协调解决。

【工作成果】

(1) 重大隐患治理方案(一般 A 级隐患治理方案)。

(2) 重大隐患整改报告书(一般 A 级隐患整改报告书)。

【案例】

案例一:重大隐患排查治理方案。

L 煤矿重大隐患排查治理方案

为认真贯彻落实"安全第一、预防为主、综合治理"的安全生产方针,按照国家安监局令第 16 号《安全生产事故隐患排查治理暂行规定》,集中力量开展安全生产隐患排查治理工作,采取切实有效措施,杜绝重大、特别重大事故的发生,结合××部安全生产工作实际,特制定本实施方案。

一、隐患排查治理的目的和任务

通过开展××部安全生产隐患排查治理专项行动,进一步深化××部安全生产隐患排查治理工作,进一步强化××部安全生产主体责任,加大安全投入,进一步完善各项安全生产规章制度,进一步落实各项安全管理措施,健全隐患排查治理机制,夯实构建××部安全工作长效管理机制,彻底整改旧有隐患,遏制新隐患产生,有效防范和遏制重特大事故发生,保持××部安全工作平稳态势。

二、隐患排查治理的组织机构和人员

为加强组织领导，确保××部安全隐患排查治理行动顺利开展，取得实效，成立安全隐患排查治理专项行动领导小组。

案例二：重大隐患整改报告书(见表6-7)。

表6-7　重大隐患整改报告书

呈报：第　号

安全隐患部门			地点			发现隐患时间	
第一责任人		职务		直接责任人		职务	
监督检查部门			责令整改时间			整改期限	
事故隐患情况							
整改过程(落实整改时间和措施)							
整改结果(排除事故隐患情况)							

填报单位：　　　　报告人：

填报时间：　　　　联系电话：　　　　单位传真：

6.5　危险作业与不安全行为治理

【工作目的】

不安全行为是当前煤矿安全生产事故的主要因素，也是事故隐患的一种。因此，对危险作业和不安全行为进行管控，能够降低煤矿事故和灾害的发生概率，使重大灾害和零敲碎打事故发生的风险都能够得到控制。

【工作主要内容】

(1) 对危险作业过程进行管控。对企业需要开展的危险作业辨识评估其风险等级，当该危险作业真正实施时按照管控措施落实各方责任，使危险作业的风险得到有效管控。

(2) 不安全行为发现与制止。在各项安全生产活动中，各级管理、技术人员和带班区队长、班组长以及所有从业人员，发现、制止出现的不安全行为，如“三违”等。

(3) 不安全行为矫正。通过扣分、罚款、学习以及企业个性化的不安全行为帮教措施，使不安全行为人深刻认识到自己的错误，掌握安全生产的作业流程和方法，并能够在工作中发现、制止他人的不安全行为。

【工作组织部门与人员】

煤矿安全管理部门负责制定危险作业与不安全行为管控的政策和规程，组织开展不安全行为治理工作。

【工作参与部门与人员】

企业所有从业人员都有发现、制止不安全行为的权利。

【工作流程】

煤矿企业必须明确不安全行为治理的主管部门，制定不安全行为管理制度，应包含并不限于以下内容：不安全行为的定义、发现、举报、帮教、考核、再上岗、回访、记录等规定，并且明确所有员工都有现场制止不安全行为(含“三违”行为)的权力。

(1) 不安全行为的判定标准。

不安全行为是人表现出来的、与人的正常心理特征相违背的行为，可能造成事故发生的人为错误，包括引起事故发生的不安全动作、未按照安全规程进行的操作、“三违”现象等。企业必须首先确定本单位的不安全行为，包括类型、等级的判定规则，为工作的开展提供依据。

(2) 不安全行为的发现。

“不安全行为”的发现(检查)要融入日常安全监督检查工作中，在各类定期检查、动态检查、专项检查、管理人员跟带班中要将“不安全行为”纳入检查范畴，并不定期组织抽查。根据不同时期、不同作业环境确定“不安全行为”检查重点。发现不安全行为后，必须进行现场纠正。安全生产管理部门是“不安全行为”的主体监督检查机构，其他职能科室均负有员工“不安全行为”监督检查、纠正的义务。班组长对作业人员有现场监督和提醒按章作业的责任，每位员工个人要履行按章作业的义务。

(3) 不安全行为的记录分析。

安全生产管理部门针对“不安全行为”，建立统计台账，定期进行分析。安全生产管理部门及各职能科室、班组（车间）要根据统计分析报告，针对高发“不安全行为”的类型、人群、时段等制定管控措施，明确重点管控对象。

(4) 不安全行为帮教。

煤矿企业须做好“不安全行为”人员的帮教工作。对所有查出有不安全行为的人员，应当采取恰当的方法和有效的措施纠正其行为，根据行为严重程度分层次、有针对性地开展引导、帮教和培训工作，避免重复发生不安全行为。

(5) 不安全行为的培训再上岗。

煤矿企业要对不安全行为人员进行安全培训教育，按照不安全行为的严重程度，有针对性地制定培训学时、内容，并做好培训记录，经考核合格后，方可上岗作业。

对“不安全行为”员工的培训应当包括以下内容：

① 国家安全法律法规，企业印发的相关安全生产文件及规程措施；

② 不安全行为对国家、集体、个人造成的后果的有关材料；

③ 本岗位危害因素辨识及制定的预防措施；

④ 其他需要学习的相关知识。

(6) 不安全行为再上岗人员的行为观察和回访。

煤矿企业要对不安全行为再上岗人员在上岗一周内至少实施一次行为观察，行为观察人员为管理人员、技术人员、班组长。行为观察人员要本着负责的态度，实事求是，认真观察不安全行为再上岗人员，制作、填写不安全行为再上岗人员行为观察表，并作出再上岗评价，对于评价为不合格的人员要继续进行帮教培训。

生产经营各单位各部门必须要对再上岗人员进行回访，回访人员为管理人员、技术人员、班组长、所属班组职工，回访人员要制作并填写回访表格。回访至少包括不少于 3 人次回访人员签署的再上岗人员的评价意见。

对发生不安全行为的员工，本单位管理人员要及时了解不安全行为人员的思想动态，深刻剖析不安全行为发生的原因，制定具体的管控措施。煤矿企业要把“不安全行为”的矫正与员工业务培训相结合，通过提升员工技能，降低发生不安全行为的可能性。煤矿企业要结合“不安全行为”，充分发挥党组织、团组织、工会、协安会等的作用，组织开展各类亲情帮教活动，筑牢安全生产防线。

【工作常见问题】

(1) 不安全行为未得到及时发现和处理。

解答：一方面应加大对员工的培训，尤其是对不安全行为认识方面的培训，使员工从根本上认识到不安全行为的危险性，主动上报。另一方面可以通过技术手段及时、全面发现不安全行为。如通过 AI+视频识别的方法，有效发现员工在工作过程中出现的不安全行为。

(2) 危险作业计划可能不够详细、全面，缺乏必要的风险评估和控制步骤。

解答：加强危险作业计划的编制，不断完善，确保包括全面的风险评估、作业步骤、应急措施等。将危险作业辨识纳入年度安全风险辨识评估之中，减少后续在日常工作中的工作量。

(3) 员工可能对危险作业规程理解不够，导致执行不到位或存在误解。

解答：进行定期的培训和教育，确保员工对危险作业规程的理解和掌握，开好班前会，重视班组建设的作用。此外还应提供更加清晰、丰富的标识和说明，强调作业步骤和安全注意事项。

【工作成果】

(1) 不安全行为台账。

(2) 不安全行为人员帮教记录表。

(3) 不安全行为再上岗人员回访表。

【案例】

某煤矿编制的不安全行为台账、不安全行为人员帮教记录表及不安全行为再上岗人员回访表见表 6-8～表 6-10。

表 6-8　不安全行为人员统计台账

序号	单位	姓名	工种	时间	地点	不安全行为表现	处理情况	备注

表 6-9　不安全行为人员帮教记录表

<table>
<tr><td>违章人</td><td></td><td>帮教单位</td><td></td><td>帮教责任人</td><td></td></tr>
<tr><td>时间</td><td></td><td>地点</td><td></td><td>培训负责人</td><td></td></tr>
<tr><td>不安全行为
事实经过、
原因、性质</td><td colspan="5"></td></tr>
<tr><td>所违反的具
体规定条款</td><td colspan="5"></td></tr>
<tr><td>责任人写出
对不安全行为
的危害性认识</td><td colspan="5"></td></tr>
</table>

保证书

尊敬的领导：

我叫______，是一名______（岗位），因______（时间）在______（地点）有不安全行为，造成了安全事故隐患，经过帮教和培训使我深刻认识到______________________，今后保证不再有违章等不安全行为。

保证人：

日　期：

表 6-10　不安全行为再上岗人员回访表

<table>
<tr><td rowspan="2">基本状况</td><td>姓名</td><td></td><td>单位</td><td></td><td>岗位</td><td></td></tr>
<tr><td>学历</td><td></td><td>年龄</td><td></td><td>工龄</td><td></td></tr>
<tr><td>不安全行为时间</td><td colspan="6"></td></tr>
</table>

表 6-10(续)

不安全行为事实	
同事对不安全行为再上岗人员最近工作的反映和反馈	签字：　　　　年　月　日
班组长对不安全行为再上岗人员的反馈和评价	签字：　　　　年　月　日
区队长对不安全行为再上岗人员的评价	签字：　　　　年　月　日
跟踪观察结果	签字：　　　　年　月　日

6.6 隐患与不安全行为公示

【工作目的】

(1) 提高安全意识。

公示隐患和不安全行为可以引起煤矿从业人员对安全问题的高度关注，增强其安全意识。

(2) 促使改进和整改。

对隐患和不安全行为的公示，能够促使企业及时采取措施进行改进和整改。面对公众的监督和压力，企业更有动力主动解决问题，提高工作场所的安全性。

(3) 形成监督机制。

公示可以促使煤矿企业建立健全的监督机制。社会公众、政府监管部门和媒体等可以通过公示信息对企业的安全管理情况进行监督，确保企业依法履行安全管理的责任，推动整个行业的安全水平提升。

(4) 降低事故风险。

通过公示隐患和不安全行为，能够使员工了解工作区域存在的隐患、常见的不安全行为等，在自身的生产活动中注意相关的问题，降低事故风险。

【工作主要内容】

定期整理企业当前未闭环的隐患、各周期内发现的不安全行为，按照规定的格式进行描述，在合适的地点进行公告、公示。

如果发生安全事故，也应进行公告。

【工作组织部门与人员】

安全生产管理部门与人员。

【工作参与部门与人员】

安全生产管理部门与人员负责整理各类信息，确保信息的准确性，并在相关位置进行公告、公示，如果需要在电子屏幕上进行公告、公示，则负责管理、维护电子屏幕的部门应予以支持。

【工作流程】

(1) 整理未验收的事故隐患和发现的不安全行为。

按照规定，每月整理当前未验收的隐患、本月发现的不安全行为，准确描述其基本信息。

(2) 事故隐患公示。

在信息公告栏、电子屏等显著地方对事故隐患进行公示。

如果存在重大事故隐患，公示的地点应该选取本单位比较显著的位置(如宣传栏、公告栏等)，以便重大隐患信息能够最大限度地被员工获知，公示的内容包括但不限于重大事故隐患存在场所、主要内容、挂牌时间、责任人、停产停工范围、整改期限和销号情况等。

(3) 不安全行为公示。

企业应对隐患和本月发现的不安全行为同步公示。

(4) 安全事故公告。

如果发生安全事故，应尽快公告事故的发生时间、地点、原因、造成的后果以及处理结果等。

【工作常见问题】

(1) 公告、公示的信息存在不准确或不全面的情况,影响公示的真实性、全面性。

解答:鼓励群众对公告、公示结果的监督、举报,对于故意删减公告、公示信息的行为进行处罚。通过双重预防信息系统直接导出相关数据,并与其他数据来源进行比对等措施,避免非主观的遗漏。

(2) 公告、公示时间不及时。

解答:制定明确的公告、公示时间频率,对延期不公告、公示的情况进行考核。或者从技术上打通双重预防信息系统的数据与公告、公示的电子牌板系统的数据接口,通过定时任务实现事故隐患和不安全行为的公告、公示。

(3) 员工可能对公示感到不满或抵触,影响整体的工作氛围。

解答:加强内部沟通,解释公示的重要性和企业改进的决心。设立员工反馈机制,给予员工申诉的途径。

【工作成果】

(1) 每月事故隐患公示清单。

(2) 每月不安全行为公示清单。

(3) 安全生产事故公告(如果发生安全生产事故)。

【案例】

安全生产事故隐患排查治理公示栏

序号	检查时间	隐患内容	整改期限	整改负责人	验收时间	验收结果	验收人	备注

7 煤矿安全双重预防机制考核与持续改进

7.1 双重预防机制考核

【工作目的】

通过制定安全双重预防机制考核制度，能够促进风险分级管控和隐患排查治理双重预防机制的落地及长期有效运行，形成双重预防工作机制的良性循环。此外，双重预防机制考核只有与部门安全生产责任制和岗位安全生产责任制形成强关联，才能确保全体从业人员清晰认识自己的工作任务与责任，督促各方更好履责。因此企业宜将隐患排查计划或安全风险管控计划细分成可执行的工作任务，下发相关岗位和部门，并对其履职情况进行考核。

【工作主要内容】

(1) 建立双重预防机制考核机构和考核制度，根据实际需要配备相关考核人员，确定考核周期、考核标准。

(2) 煤矿安全生产管理部门定期开展考核工作，将考核结果纳入安全绩效管理。

(3) 根据考核情况结合煤矿企业实际，持续完善安全风险辨识评估工作、安全风险管控责任履职工作、隐患排查治理工作、双重预防信息系统使用等。

【工作组织部门与人员】

煤矿安全管理部门相关人员负责组织，其他安全生产管理部门及相关人员共同配合，定期组织开展考核工作，确保考核落实。

【工作参与部门与人员】

除了煤矿安全管理部门相关人员外，人力资源部门、财务部门的相关人员也须参与，以确保考核工作顺利开展。

【工作流程】

双重预防机制考核主要涉及工作机制、安全风险分级管控、隐患排查治理和信息系统的考核。双重预防机制考核评估表既可以直接使用陕西省煤矿安全双重预防机制检查评价办法，也可在其基础上补充完善，形成个性化的双重预防机制评价，具体内容如图 7-1 所示。

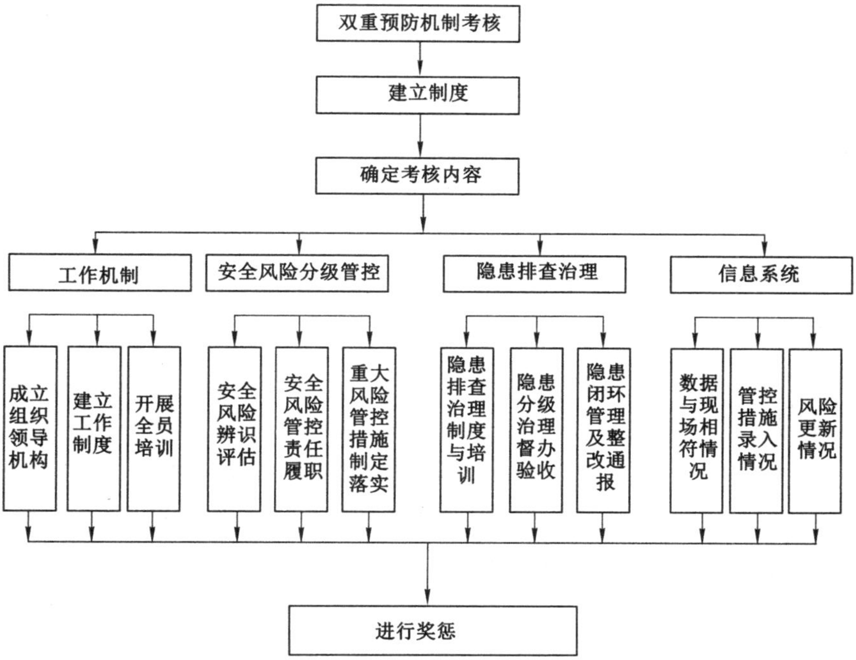

图 7-1　双重预防考核流程图

(1) 考核结果统计

根据考核制度确定需要采集的数据。在双重预防机制的运行过程中，各部门、岗位所完成的各项工作直接与考核相关的指标进行关联，自动计算各主要考核指标。

其他一些指标可以通过定期打分等形式一并录入信息系统，进行统一计算、得出考核结果。

(2) 考核结果兑现

根据考核制度的要求，将考核结果反映到绩效之中，并应在绩效中明确予以解释。

【工作常见问题】

信息系统使用人员不能熟练使用信息系统解决方案。

解答：加强对信息系统使用人员的培训，同时设立专人为相关人员进行实时解答，缩短信息系统问题处理时间，尽可能减少系统使用中存在的问题。

【工作成果】

(1) 双重预防机制考核结果清单。

(2) 双重预防机制考核报告(定期编制)。

7.2 月度(季度)安全综合分析持续改进

【工作目的】

煤矿安全生产是一个不断变化的过程，随着时间的推移，安全风险的情况有所不同。为了更好开展隐患排查工作，就需要每月对隐患排查治理情况进行综合分析，指导制定下月的隐患排除重点，提高隐患排查的针对性。

隐患排查和安全风险管控依赖于年度安全风险辨识评估结果，尤其是管控措施数据。由于人员辨别标准不一、制定规则不同等各种原因，企业实际和辨识评估的结果可能会存在偏差，给双重预防机制落地造成了一定影响。为了消除一些随机因素的影响，企业可以每季度对隐患排查治理情况、安全风险管控情况进行分析，对年度安全风险辨识评估结果以及各部门、岗位的安全风险管控清单进行调整。

【工作主要内容】

组织月度（季度）总结会议，对安全风险辨识、隐患排查进行全面性辨识排查和对管控措施的有效性进行总结分析，一方面可以指导下月的隐患排查计划制订，另一方面可以不断完善安全风险辨识评估结果。

【工作组织部门与人员】

矿长组织召开月度安全综合会议，安全生产管理部门具体负责会议工作。

【工作参与部门与人员】

分管负责人及安全、生产、技术等业务科室（部门）责任人和生产组织单位责任人（区队长）参与，对月度会议提出的问题进行分析，负责落实责任范围内的工作安排。

【工作流程】

(1) 煤矿安全生产管理部门整理月度材料。

整理好每月的隐患排查治理情况、重大安全风险管控情况、不安全行为管控情况等信息。安全风险管控情况分析应每季度进行一次。

(2) 准备会议材料，下发会议通知。

煤矿安全生产管理部门准备好会议各种材料，包括但不限于对下月隐患排查计划的建议，以及对季度安全风险辨识评估结果的修改建议等。

(3) 矿长负责召开月度综合分析会议。

矿长组织各分管负责人、副总工、各科室及区队负责人参与月度综合分析会议。会议对未闭环隐患的安排、本月安全管理存在问题、下月隐患排查计划等内容进行分析讨论，每季度需对安全风险辨识评估结果和相应安全风险管控清单提出修改意见。

(4) 落实会议要求,修改相关数据。

煤矿安全生产管理部门牵头负责会议所形成结论的具体落实工作,包括制订下月的隐患排查计划,负责将月度、季度修改的数据录入到双重预防信息系统之中。

【工作常见问题】

(1) 对风险辨识评估结果的持续改进不在季度会议上进行是否允许?

解答:允许。煤矿可以按照自己的制度执行,如部分煤矿要求每月对风险辨识评估结果进行持续改进。只是一般情况下,季度积累的风险管控信息和隐患排查信息较多,更容易从中发现规律。

(2) 月度(季度)会议效率不高,参会人员提不出意见。

解答:针对会议效率低的问题可考虑在开会前由安全生产管理部门提前准备好会议材料,对会议主要议题、结果等进行初步准备。参会人员可以根据草案提出意见,极大提高会议效率。

(3) 会议结束后,双重预防信息系统数据录入工作如何完成。

解答:企业应在各岗位责任制中明确双重预防信息系统数据维护责任单位和责任人。对于会议资料原则上应由安全生产管理部门确定专人进行会议信息录入。

【工作成果】

(1) 月度安全综合分析会议总结报告。

(2) 双重预防管理信息系统数据录入、更新。

【案例】

A 煤矿某月度安全综合分析会议总结报告

A 煤矿主要负责人在×年×月×日组织分管负责人及有关部门召开月度分析总结会议,对当月检查发现的问题及重大隐患排查治理情况、重大安全风险管控措施落实情况等下发通报,会议内容如下:

（一）现场隐患排查情况及原因分析

按照事故隐患月度排查方案，共计查出隐患××条，已整改××条，整改率××%。安全风险管控责任履职率××%。

存在的主要问题是……，原因分析如下：……

（二）重大隐患排查治理情况

根据年度重大隐患排查计划，经排查本月未发现重大隐患。

（三）重大安全风险管控措施落实情况及管控效果分析

针对企业存在的重大安全风险，严格落实各项重大安全风险管控措施。各风险点重大安全风险管控措施基本落实到位，未出现管控措施失效情况。

（四）下月隐患排查重点风险点和风险建议

下月应按照年度辨识评估的重点继续进行隐患排查，执行年度隐患排查计划的分解任务。

7.3　年度安全双重预防机制要素持续改进

【工作目的】

年度持续改进工作可推进全年双重预防机制运行效果的全面评估。应根据双重预防机制建设、运行预期目标实现程度，提出改进措施。改进措施主要面向双重预防机制各组成要素，包括组织、责任、管理制度、运行机制、双重预防信息系统等，提高双重预防机制运行效率与效果，确保下一年度安全双重预防机制的高效高质量运行。

【工作主要内容】

（1）年度双重预防机制持续改进材料准备。安全生产管理部门牵头组织公司年度双重预防机制持续改进会，在会前应负责会议相关材料准备。

（2）矿长主持召开年度双重预防机制持续改进会议，经过讨论、分析，做出会议决议，编制《年度双重预防机制持续改进调整方案》。

(3)安全生产管理部门牵头细化《年度双重预防机制持续改进调整方案》。

【工作组织部门与人员】

矿长组织召开年度安全综合会议,安全生产管理部门具体负责会议事项。

【工作参与部门与人员】

分管负责人及安全、生产、技术等业务科室(部门)责任人和生产组织单位责任人(区队长)参与,对年度会议提出的问题进行分析,负责落实责任范围内的工作安排。

【工作流程】

矿长每年应从整体性、实效性的角度对本单位双重预防机制工作进行分析,评审各项制度的合理性与有效性,制度与各级法律、法规、规章、标准的一致性;分析风险辨识工作的全面性和准确性,风险分级管控的科学性和有效性,隐患排查工作规范性与全面性,信息系统的便捷性与实用性。通过分析查找制约本单位双重预防机制发挥作用的因素和环节,采取改进措施,提高双重预防机制运行质量和效能。年度持续改进工作可与安全生产标准化等管理体系的持续改进工作同步开展。一般可分为以下几个步骤:

(1)安全生产管理部门收集整理年度持续改进资料。

安全生产管理部门应负责收集与年度持续改进工作相关的各种资料,包括双重预防机制建设运行目标、运行情况、运行结果数据,尤其是重大隐患和事故上报处置情况、重大风险管控情况、双重预防机制考核情况和自评情况等,还应整理一年来国家政策、法规、标准的变化调整情况,企业内部对双重预防机制建设和运行的意见等。

(2)安全生产管理部门准备会议材料,下发会议通知。

安全生产管理部门准备好年度会议材料,除了汇总收集整理的资料外,还要提前准备会议决议相关的资料,包括本年度双重预防机制运行情况评价、双重预防机制要素修改建议等。

(3) 矿长负责召开包含年度双重预防机制持续改进内容的会议。

会议应包含企业双重预防机制的运行质量分析，形成双重预防机制运行分析报告，或在其他报告中包含双重预防机制运行分析章节。

(4) 安全生产管理部门落实双重预防机制运行分析报告的中修改要求。

煤矿安全生产管理部门牵头，根据双重预防机制运行分析报告相关内容，制定调整方案，并明确各项内容的责任单位、要求、时限等，督促各责任单位按期完成。

【工作常见问题】

(1) 双重预防机制年度持续改进工作需要单独进行吗?

解答:没有要求必须独立进行。双重预防机制年度持续改进工作可以与每年的安全生产标准化管理体系持续改进工作同步开展，将双重预防机制年度持续改进作为其中的一部分。

(2) 双重预防机制年度持续改进需要对安全风险辨识评估结果进行改进吗?

解答:可以进行调整。如果与年度安全风险辨识评估或下一个季度综合分析时间比较近，也可以在随后的工作中进行改进。

(3) 年度持续改进和双重预防机制建设运行评价之间是什么关系?

解答:双重预防机制建设运行评价就是对企业双重预防机制建设质量、运行水平、效果等方面进行全面评价，为年度持续改进工作中对双重预防机制建设情况进行评价、分析存在的问题，以及确定改进方向等都提供了客观的依据。双重预防机制建设运行评价一般半年开展一次，年底的评价可以在年度持续改进之前进行，将两次的结果及其对比情况作为年度持续改进的材料之一。

【工作成果】

(1) 煤矿双重预防机制年度运行分析报告。

(2) 年度双重预防机制持续改进调整方案。

【案例】

煤矿双重预防机制年度运行分析报告

×年×月×日，矿长主持召开年度安全双重预防机制会议，各分管领导和业务科室主要负责人参加会议。会议分析了双重预防机制运行过程中存在的问题，评审了运行效果，并提出了相关建议，具体内容如下：

（一）双重预防机制运行现状

（二）双重预防机制运行效果

（三）双重预防机制运行问题

（四）改进建议

8 煤矿安全双重预防机制信息化建设运行与联网

8.1 安全双重预防机制信息化建设决策

【工作目的】

双重预防信息系统建设是双重预防机制建设的一部分，而且系统建设是决定双重预防机制运行效果的关键因素之一。双重预防机制信息化建设决策要明确双重预防机制建设的基本思路。双重预防信息系统要达到的目标、涵盖的范围、经费、时限等，并明确安全生产管理部门和信息管理部门的责任。如果决定分步建设，一般还应明确分步建设规划，按照滚动计划法的思路，细化第一阶段的要求。

【工作原则】

安全双重预防机制信息化建设决策的原则主要包括以下几个方面：

(1) 业务需求导向：信息系统建设的决策应当以满足业务需求为导向，确保系统能够有效支持组织的运营和发展。

(2) 综合性和系统性原则：在建设信息系统时，需要全面考虑系统与其他业务流程、系统的集成性和协同性，确保系统在整体上是高效和协调一致的。

(3) 合理性：在实施双重预防机制信息化建设时，要充分考虑企业的生存发展需要，合理使用资源，避免浪费。

(4) 科学规划:根据企业的具体情况和需求,制定切实可行的双重预防机制建设方案,确保有计划、有步骤、有重点地进行。

(5) 统一原则:坚持统一规划、统一标准、统一建设、统一管理。

(6) 全员参与决策:坚持决策过程的全员参与,确保系统能够全面反映煤矿安全风险和隐患情况,促进信息系统建设的共识和参与。

【工作内容】

(1) 对组织的环境、目标、现行系统或业务流程、当前信息化资源状况进行初步调查,根据组织目标,确定信息系统建设的目标。

(2) 考虑建设新系统或系统升级所受的各种约束,对建设新系统的需求做出初步分析和规划。

(3) 研究信息系统建设的必要性和可能性,完成双重预防信息系统建设规划,提交主要负责人批准。

【工作组织部门与人员】

安全分管负责人、企业安全生产管理部门。

【工作参与部门与人员】

企业主要负责人、信息技术分管负责人、信息技术部门、生产和技术等业务科室(部门)责任人,以及生产组织单位责任人(区队长)。

【工作流程】

双重预防信息系统决策工作流程如图 8-1 所示。

(1) 调研分析阶段

安全分管负责人组织安全生产管理部门对企业安全生产目标、双重预防机制建设目标、双重预防机制建设和运行情况、公司信息化建设情况等进行调研,重点了解双重预防机制流程、特色或关键管理方法、现有信息系统及信息资源等。

同时对生产、技术、管理科室、部门进行调研,了解其对双重预防机制的意见,尤其是对业务流程、单据报表等留痕信息方面的意见。安全生产管理

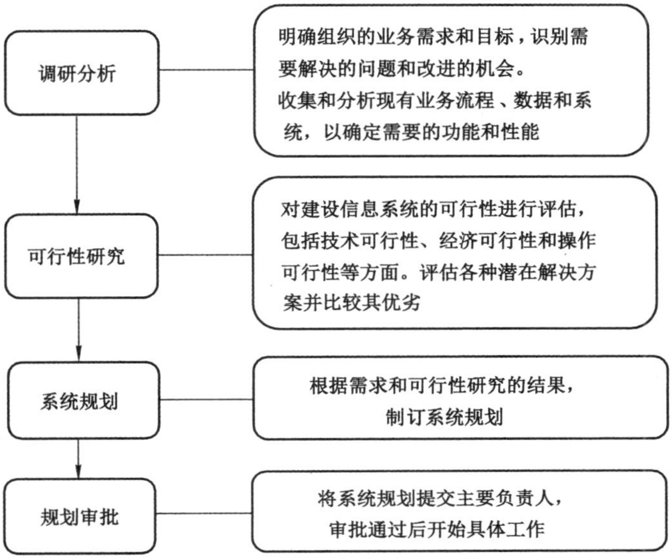

图 8-1　系统建设决策流程

部门汇总两方面的调研结果，向企业主要负责人汇报，确定系统的初步建设需求。

(2) 可行性研究阶段

安全分管负责人组织人员根据初步建设需求进行可行性分析，可从技术可行性、经济效益可行性及组织可行性等方面进行，并形成《可行性分析报告》。安全分管负责人负责对形成的《可行性分析报告》向其他分管负责人、外部专家征求意见，根据各方意见，对初步方案进行修改完善，形成最终报告。

(3) 系统规划阶段

安全分管负责人组织本部门人员、信息技术部门人员以及外部专家，对《可行性分析报告》中提出的方案进行细化，同时对双重预防信息系统的具体功能模块及其要求、硬件和网络结构、数据库设计原则等内容进行确认，并对项目的资金、工期、风险等进行分析，与《可行性分析报告》合并形成正式的《双重预防信息系统规划》。

(4) 规划审批

安全分管负责人将《双重预防信息系统规划》提交企业主要负责人审

批，根据意见最后调整、定稿《双重预防信息系统规划》。

安全双重预防机制信息化建设决策工作应充分发挥外部专家的作用，提供专业决策的建议和支持。一方面能够拓宽视野，了解国内最先进的经验；另一方面也能避免因企业内部各部门之间的不同意见、立场而形成先入为主的印象，影响规划的科学性。

【工作常见问题】

（1）需求不清晰或需求变更频繁，导致项目实施方向不明确。

解答：加强与业务部门和主要责任人的沟通，明确必须优先实现的需求。需求变更要考虑对整体逻辑、工期和预算的影响，对各方面进行权衡。

（2）技术方案选择中，技术含量和技术成熟度哪个因素更重要？

解答：技术含量高和技术成熟二者无法明确孰轻孰重，在做选择时要进行全面的技术评估，包括性能、成本、可操作性、可维护性等，几方面需要相互平衡。技术方案仅仅是安全管理的一部分还应充分发挥安全管理的作用。

（3）如何更合理地选择供应商或合作伙伴？

解答：建立供应商评估标准，对供应商的技术实力、项目经验、信誉等进行评估，尤其要重视供应商对双重预防机制的理解能力、对《规范》的熟悉程度，以及对实现与监管部门等数据联网的支持能力。

（4）决策者之间存在意见分歧，影响项目决策和实施。

解答：加强沟通与协调，促进各方达成共识，必要时组织专门的会议或工作小组来解决问题，确保决策一致性。应尽早将方案向企业主要负责人汇报，确保大方向上不会出现偏差。

【工作成果】

双重预防信息系统规划。

【案例】

某煤矿企业为了提高安全管理水平，进行双重预防机制信息化建设决策。首先，安全管理部门组织调研分析，在此阶段，对企业的安全状况和需求进行了深入了解。然后，进行了可行性研究分析，从技术、经济和组织三个方面进行了评估，并形成了《可行性分析报告》。

在系统规划阶段，企业负责人根据《可行性分析报告》进行了决策。根据决策结果，安全管理部门组织信息部门编写完成了《信息系统规划报告》初稿，经过专家评审和修改完善后，最终形成了《信息系统规划报告》。

《可行性分析报告》和《信息系统规划报告》框架如下：

《可行性分析报告》框架

引言

——简要介绍信息系统建设项目的背景和目标；

——概述信息系统建设的重要性和必要性。

项目概述

——对信息系统建设项目进行总体描述；

——包括项目目标、范围、预计实施时间等。

技术可行性分析

——评估系统所需的技术方案和基础设施是否可行；

——分析现有技术和设备能否满足系统需求；

——考虑技术选型、集成难度和实施风险等因素。

经济可行性分析

——估算信息系统建设的投资成本，包括硬件、软件、人力资源等；

——进行经济效益分析，考虑系统建设后的成本节约和收益增加；

——计算投资回收期、财务指标等，综合评估项目的经济可行性。

组织可行性分析

——评估组织资源和管理能力支持系统建设的可行性；

——考虑组织结构调整、人员培训、技术支持体系等因素。

结论与建议

——总结可行性分析的结果，评估系统建设的可行性。

《信息系统规划报告》框架

系统目标

——明确双重预防机制信息化建设的目标，包括提高安全管理水平、提高运行效率等方面。

系统功能

——描述双重预防机制信息化系统的功能模块，如风险辨识、风险评估、风险管控、隐患排查、隐患闭环管理、隐患预警、系统分析等。

系统架构

——设计双重预防机制信息化系统的架构，一般包括硬件架构、软件架构、网络架构等方面。

实施计划

——制订双重预防机制信息化建设的实施计划，包括项目时间表、项目预算、项目风险应对措施等方面。

8.2　安全双重预防机制信息化需求分析

【工作目的】

安全双重预防机制信息化需求分析的目的是细化企业安全双重预防信息系统对用户、业务流程、场景、数据处理、网络等方面的需求，明确信息化建设的内容和重点，为技术团队后续的系统设计、开发提供依据。

【工作内容】

(1) 明确信息系统业务需求

安全生产管理部门根据企业双重预防机制运行和管理的需要，按照业务流程和场景，详细说明每个环境的具体数据逻辑和功能需要，必要时可以绘制相关的业务流程图予以说明。

(2) 明确信息系统功能模块和有关技术需求

首先需要明确煤矿安全双重预防信息系统的目标和功能，如风险分级管控、隐患排查及治理、不安全行为管理、安全生产责任制考核、预警预测等。其次要明确系统的主要用户和角色、数据量等，便于技术部门确定网络、存储要求。

与一般的管理信息系统需求分析不同，双重预防信息系统的需求分析还应明确数据安全、网络安全、访问控制等方面的需求。

【工作组织部门与人员】

安全分管负责人与安全生产管理部门。

【工作参与部门与人员】

信息技术分管负责人、信息技术部门，生产和技术等业务科室（部门）责任人，生产组织单位责任人（区队长），以及选定的系统设计研发团队人员。

【工作流程】

双重预防信息系统的需求分析与标准的企业安全管理信息系统需求分析情况有所不同。从用户的角度，可以将系统需求分析阶段和系统设计阶段融合起来，同时完成系统功能模块、网络、数据库等设计工作。系统设计阶段的工作由系统设计研发团队完成，企业安全生产管理部门予以配合。整体工作流程如图 8-2 所示。

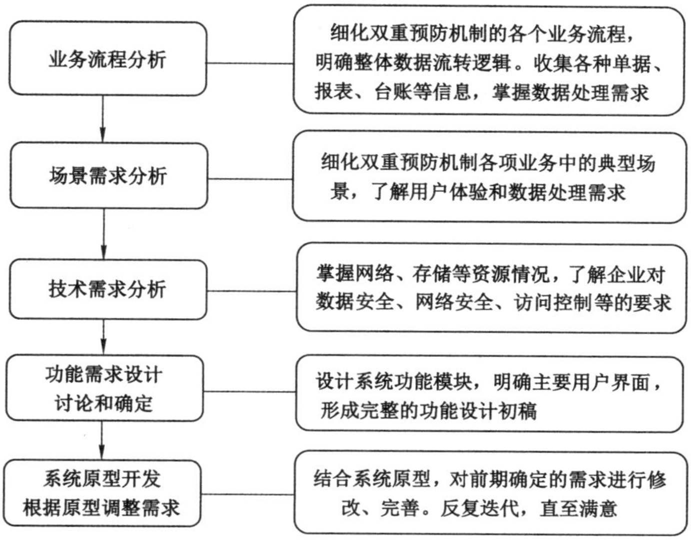

图 8-2　需求分析过程图

（1）业务流程分析

安全生产管理部门根据企业双重预防机制运行和管理的需要，细化双重预防机制的各个业务流程，明确整体数据流转逻辑。收集各种单据、报表、台账等信息，掌握数据处理需求。根据实际情况，可以详细说明或绘制业务流程图。

具体工作中，可以由各分管负责人组织其分管各科室（部门）、区队（车间）、班组提供关于煤矿安全双重预防信息系统的意见和建议及必要的数据和资料。安全生产管理部门也可以通过调研、访谈等方式收集相关资料。

（2）场景需求分析

如果业务简单，场景需求分析可以和业务流程分析合并进行。如果有特殊或典型的场景，则应细化双重预防机制各项业务中的场景，了解用户体验和数据处理需求。

（3）技术需求分析

主要考虑未来双重预防管理信息系统的硬件、网络、系统软件等方面的需求，应通过对信息管理部门的调研掌握网络、存储等资源情况，了解企业对数据安全、网络安全、访问控制等要求。

（4）功能需求设计讨论和确定

根据收集到的资料，在安全管理部门指导下，系统设计研发团队人员对煤矿安全双重预防信息系统开展系统设计，完成《系统需求分析报告》。明确系统目标和功能模块，确定系统用户、角色及数据采集与处理等方面的需求。同时，也需要考虑系统的安全性和稳定性、易用性和可维护性等方面的需求。

（5）系统原型开发，根据原型调整需求

系统设计研发团队根据《系统需求分析报告》快速完成信息系统原型的开发，然后将原型向安全生产管理部门、主要技术、管理部门、生产区队等演示，征求意见。根据征求到的意见调整前期设计，再次修改原型。上述工作多次迭代，直至满意。

【工作常见问题】

（1）安全双重预防机制信息化需求不明确。

解答:这种情况往往与系统设计研发团队对煤矿不熟悉、对双重预防机制本身不熟悉有关。应细化调研和分析工作,与相关人员进行充分沟通和交流,甚至可以通过业务实践的方式,确保需求的准确性和完整性。

(2) 煤矿安全双重预防信息系统涉及的技术领域广泛,包括风险识别、评估、预警等方面的算法和模型,有一定的技术难度。

解答:在系统开发时先确保对问题的准确描述,从而转化为可行的数字化表达。在选择系统设计研发团队时需要考查其数据模型建立、算法开发的能力。

(3) 安全生产管理部门、各业务及管理部门和系统设计研发团队协调存在问题。

解答:企业在做信息化建设时应制定相应的沟通制度,定期组织项目会议,对各方工作进度、存在的问题、后续计划等内容进行沟通。安全生产管理部门应充分认识到协调工作的重要性和对自身的意义,积极沟通;各业务及管理部门、生产区队应主动提出自身的意见,为系统设计研发团队提供相关资料。当遇到难以解决的问题时,系统设计研发团队和安全生产管理部门人员应联合向分管安全的负责人汇报,寻求帮助。

(4) 业务和管理部门、生产区队等无法提出有效问题。

解答:从具体业务及其重要性上向各业务和管理部门、生产区队说明,同时尽可能采用图形、系统原型的方式征求意见,方便用户提出意见。

【工作成果】

《系统需求分析报告》。

【案例】

A 煤矿在引入煤矿安全双重预防信息系统时,首先进行了详细的需求分析工作。他们组织了多个部门的人员参与,包括安全管理部门、技术部门、生产部门等。

在需求分析过程中,首先收集了现有安全管理体系的数据和资料,了解了煤矿的安全管理现状和存在的问题,并与相关人员进行深入沟通和交流,明确了系统的目标和功能,包括风险识别、评估、预警等方面的需求。

在需求分析报告中，详细描述了系统的功能、用户角色、数据采集与处理等方面的需求，并对系统的安全性、稳定性和易用性等方面提出了明确的要求。同时制订了详细的实施计划和时间表，确保实施的顺利进行。

在审核评估阶段，组织多个部门的负责人对方案进行审核和评估，确保其满足煤矿安全双重预防机制管理的需要。最终，成功实施了煤矿安全双重预防信息系统，提高了煤矿的安全管理水平和工作效率。

8.3 安全双重预防机制数据规范与数据采集

【工作目的】

对于双重预防机制而言，数据采集包括两类：第一类是面向信息系统初始化的数据采集；第二类是信息系统正常运行过程中的数据采集。本节所涉及的是第一类，如安全风险数据库、员工信息、风险点信息等。

安全双重预防机制数据规范与数据采集的目的是确保煤矿安全双重预防信息系统开发完成后有满足要求的数据运行。同时，通过制定统一的数据规范，有效地提高数据的可维护性和可扩展性，减少数据冗余和不一致，为煤矿安全管理的科学决策提供有力的数据支持。

【工作主要内容】

(1) 根据双重预防机制建设的要求，结合国家矿山安全监察局《关于印发煤矿双重预防系统数据接入细则(试行)的通知》(矿安〔2023〕123 号)，以及省级安全管理部门、集团公司相关要求，明确本系统需要采集的数据类型、数据来源和数据格式，制定系统双重预防机制数据规范。

(2) 采集系统运行所需要的各种数据，并按照要求的格式整理。

根据系统运行需要采集双重预防信息系统数据初始化所需要的数据，并按照规定的格式整理，便于数据导入。

(3) 如果信息系统与其他安全相关系统数据集成，要完成数据接口对接工作。

双重预防管理信息系统并不排斥其他安全相关系统，如人员定位、监测监控、工业视频等。这些数据都包含与安全相关的信息，而且能够与双重预防信息系统融合，当企业的双重预防信息系统设计中包含与其他系统数据集成的任务时，系统设计研发团队需要完成与其他系统的数据接口对接、调试工作。

【工作组织部门与人员】

安全分管负责人与安全生产管理部门。

【工作参与部门与人员】

信息技术分管负责人，信息技术部门、生产和技术等业务科室（部门）责任人，生产组织单位责任人（区队长），以及选定的系统设计研发团队人员。

【工作流程】

数据是管理信息系统的核心，但数据采集、传输、存储、加工等涉及部门众多，而且多不在安全生产管理部门。因此在本部分工作中，安全生产管理部门是牵头单位，负责重要的任务，但必须要依靠其他技术和管理部门、生产区队等的配合。数据规范与采集工作流程如图 8-3 所示。

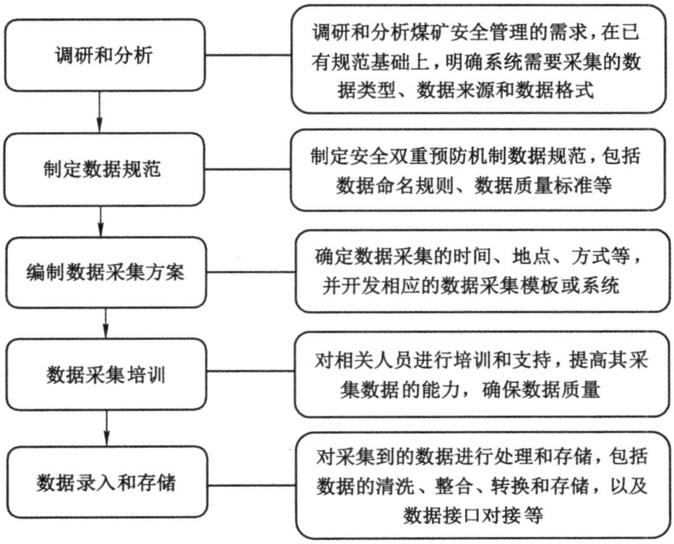

图 8-3　数据规范与采集流程图

（1）调研和分析

由安全生产管理部门牵头，系统设计研发团队负责，企业信息技术部门配合，调研和分析煤矿安全管理的需求，在已有国家、省级安全管理部门等制定的双重预防机制相关规范基础上，明确系统需要采集的数据类型、数据来源和数据格式。

（2）制定数据规范

在前一阶段对数据规范调研和分析的基础上，系统设计研发团队制定安全双重预防机制数据规范，包括数据命名规则、数据质量标准等。

（3）编制数据采集方案

由安全生产管理部门牵头，系统设计研发团队编制数据采集方案，确定数据采集的时间、地点、方式等，并开发相应的数据采集模板或系统。

（4）数据采集培训

根据数据采集方案，由安全生产管理部门牵头，系统设计研发团队具体负责，对需要整理、录入数据的各科室（部门）、区队（车间）、班组进行培训，主要内容为如何使用数据采集模板或系统，提高其采集数据的能力。

相关人员开展数据整理、采集工作，系统设计研发团队负责技术支持，并对采集到的数据进行初步处理和存储，确保数据的准确性和完整性。

（5）数据录入和存储

在企业信息技术部门配合下，系统设计研发团队对采集到的数据进行处理和存储，包括数据的清洗、整合、转换和存储，以及数据接口对接等。

【工作常见问题】

（1）由于煤矿安全管理的复杂性和多样性，不同文件中数据规范可能不统一，存在数据规范不明确或相互冲突的情况。

解答：深入调研和分析，与相关人员进行充分沟通和交流，对不明确的规范进行细化，对于存在冲突的情况，应由各方讨论后确定。

（2）煤矿可能已经存在其他的安全管理系统，系统之间的集成和数据共享存在问题。

解答：调研了解现有系统的功能和数据结构，与其他安全管理系统运维或研发单位对接，确定数据接口或制定合理的集成方案。

(3) 数据质量不高,可能会存在数据处理不准确或数据不一致的情况。

解答:明确规定各类数据的规范,为数据采集人员提供充分的培训和数据采集过程中的技术支持。发现数据质量问题时,尽快向安全生产管理部门反映,评估问题影响范围,提出改进方案,协调数据采集人员,对存在问题的数据进行修改。

(4) 煤矿安全双重预防信息系统需要大量的数据采集、处理和分析工作,部门之间该如何协同配合。

解答:细化数据采集方案,明确责任和分工。由安全生产管理部门协调各方,加强协调和沟通,确保实施的顺利进行。如果存在安全生产管理部门无法协调的情况,应尽快向其他分管负责人或第一责任人反映,并提出解决方案。

【工作成果】

(1) 安全双重预防机制数据规范。

(2) 数据采集方案(如果可以控制进度,可以不制定)。

(3) 企业双重预防信息系统中数据模板等完整文件体系。

【案例】

某煤矿为建设安全双重预防信息系统,在数据规范和采集阶段由安全管理部门和信息部门配合确定系统需要采集的数据类型、数据来源和数据格式,并制定数据规范形成《数据规范文档》及《数据采集方案》。

随后,信息部门开发相应的数据采集工具,各科室(部门)、区队(车间)、班组按照数据采集计划进行数据采集工作,信息部门对采集到的数据进行处理和存储;同时信息部门对相关人员进行培训和支持,提高其对系统的使用和维护能力。

《数据规范文档》及《数据采集方案》框架参考如下:

《数据规范文档》框架

数据格式规范

——日期格式:……

——数字格式：……

——文本格式：……

数据标准规范

——数据名称：数据名称应具有明确的意义，避免使用模糊或通用的名称。

——数据定义：数据定义应清晰明确，包括数据的含义、范围和取值范围等。

——数据长度：数据长度应适当，避免过长或过短的数据长度影响数据的可读性和准确性。

字段命名规范

——避免使用简写和缩写，尽量使用完整的词汇进行命名。

——避免使用具有特殊含义的字符，如＄、＃、@等。

——字段名称应具有明确的意义，能够清晰地表达字段的含义和用途。

索引命名规范

——索引名称应具有明确的意义，能够清晰地表达索引的用途和含义。

——索引名称应采用统一的命名规则，避免出现重复或混乱的情况。

——索引名称应简洁明了，避免使用过长的名称影响可读性和可维护性。

其他规范

——数据存储：数据应按照规定的格式和标准进行存储，避免出现乱码或格式错误的情况。

——数据备份：数据应定期备份，避免因意外情况导致数据丢失或损坏。

——数据安全：数据应采取适当的安全措施，如加密、访问控制等，确保数据的安全性和保密性。

——数据更新：数据更新时应遵循一定的规范和流程，确保数据的准确性和一致性。

《数据采集方案》框架

数据采集范围

——内部数据

——外部数据

——用户行为数据

——其他来源数据

数据采集方法

——自动化采集

——手动采集

——数据接口调用

——数据交换

数据处理与分析

——数据清洗：对采集到的数据进行清洗和整理，去除重复、无效和异常数据。

——数据转换：将不同格式或来源的数据转换成统一格式，便于后续分析。

——数据挖掘与分析：利用数据分析工具和算法，对数据进行挖掘和分析，提取有价值的信息和知识。

——数据可视化：将分析结果以图表、报表等形式进行可视化展示，便于理解和决策。

数据存储与管理

——数据存储：采用高性能的数据库系统，确保数据的存储安全和可靠性。

——数据备份与恢复：定期对数据进行备份，确保在发生意外情况时能够及时恢复数据。

——数据访问权限管理：根据不同用户的需求和权限，设置不同的数据访问权限，确保数据的安全性和隐私保护。

——数据生命周期管理：根据数据的价值和重要性，制定合理的数据生命周期管理策略，定期对数据进行归档、删除或销毁。

技术实现与部署

——技术选型：根据项目需求和实际情况，选择合适的技术栈和工具进行实现和部署。

——系统架构设计：设计合理的系统架构，确保系统的稳定性、可扩展性和可维护性。

——代码编写与测试：编写高质量的代码并进行充分测试，确保系统的正常运行和数据的准确性。

——系统部署与监控：将系统部署到合适的服务器或云平台上，并进行实时监控和维护，确保系统的稳定性和可用性。

8.4 安全双重预防信息系统初始化与培训

【工作目的】

管理信息系统的研发、测试由系统设计研发团队完成。对于煤矿企业而言，要保证未来双重预防信息系统有效运行，必须从数据和用户两方面满足信息系统的要求，前者保证信息系统的数据完整，后者保证将来信息系统的用户便捷地使用系统。

【工作主要内容】

(1) 系统首次使用前要根据煤矿的实际安全管理情况和安全双重预防信息系统的运行需求设置部门、员工、角色、数据字典数据，风险分级管控模块基础数据及隐患排查治理模块基础数据等参数，并录入基础档案与初始数据。

(2) 分批次组织对矿领导、职能部门负责人、区队负责人、技术人员、班组员工进行系统操作培训。

【工作组织部门与人员】

(1) 信息系统初始化工作由煤矿安全管理部门组织，由系统设计研发团队完成或辅助完成。

(2) 系统使用培训工作由安全管理部门组织，由安全培训工作负责人落实，由系统设计研发团队负责完成培训。

【工作参与部门与人员】

参与系统初始化工作的部门和人员应有：系统设计研发团队、各专业部门管理人员、系统管理员等，可参考表 8-1。

表 8-1 安全双重预防信息系统初始化工作人员配备

部门	人员	职责
安全管理部门	负责人	负责组织、协调工作
系统设计研发团队	系统开发人员	负责系统初始化操作
安全管理部门/信息化管理部门	系统管理员	配合并学习系统初始化操作
各专业部门	部门对接人	数据有问题时进行修改

参与系统使用培训工作的部门和人员应包括系统所有用户，至少包括煤矿各级管理人员、专业技术人员、班组岗位人员等，由系统设计研发团队负责具体培训工作。

【工作流程】

(1) 安全双重预防信息系统初始化工作流程。

在双重预防机制数据规范与数据采集阶段，企业已经完成了数据的采集工作。这里从将数据按照设定好的格式导入系统开始介绍。

系统设计研发团队将前期采集的数据按照信息系统数据模板进行整理，然后导入信息系统，实现各个模块数据的初始化。数据初始化的内容很多，如：将煤矿基础信息、组织机构、风险数据、隐患数据库等基础资料导入系统（图 8-4），将风险管控和隐患排查的责任人、周期与岗位进行关联等，以及根据风险点的实际情况关联危险因素，并在煤矿平面图标注风险点等。

此外，还要在系统中设置岗位配置、用户角色权限等，即系统研发人员按照双重预防组织机构、职责分工对负有双重预防工作组织、风险分级管控和隐患排查治理职责的责任岗位人员进行用户添加和角色权限分配，如图 8-5、图 8-6 所示。

所有基础数据导入系统后，双重预防信息系统从技术角度才算真正完整，包含软件、硬件、数据、网络等组成部分。

(2) 系统使用培训工作流程。

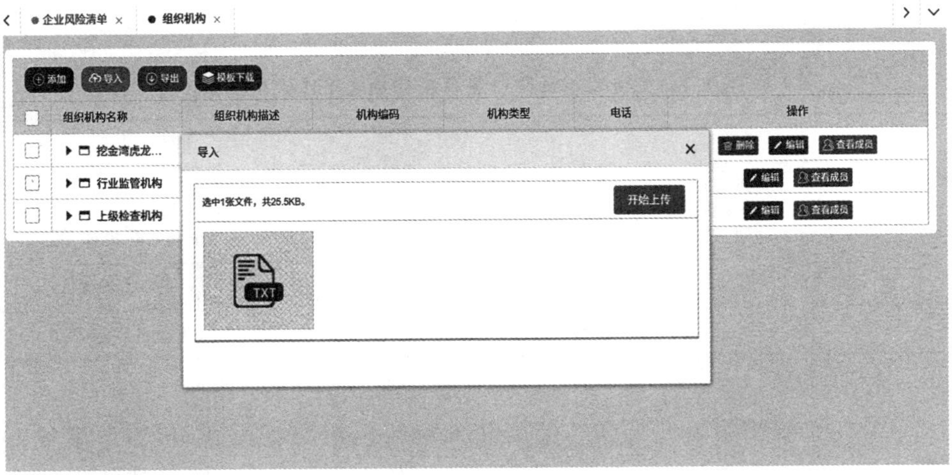

图 8-4　安全双重预防信息系统组织机构模板导入示例

图 8-5　安全双重预防信息系统组织岗位添加示例

1）安全管理部门组织制订系统使用培训计划。

由于双重预防信息系统用户较多，往往不能一次性完成全部培训，可以根据用户工作安排，分批完成培训工作。

2）系统设计研发团队负责制作培训课件。

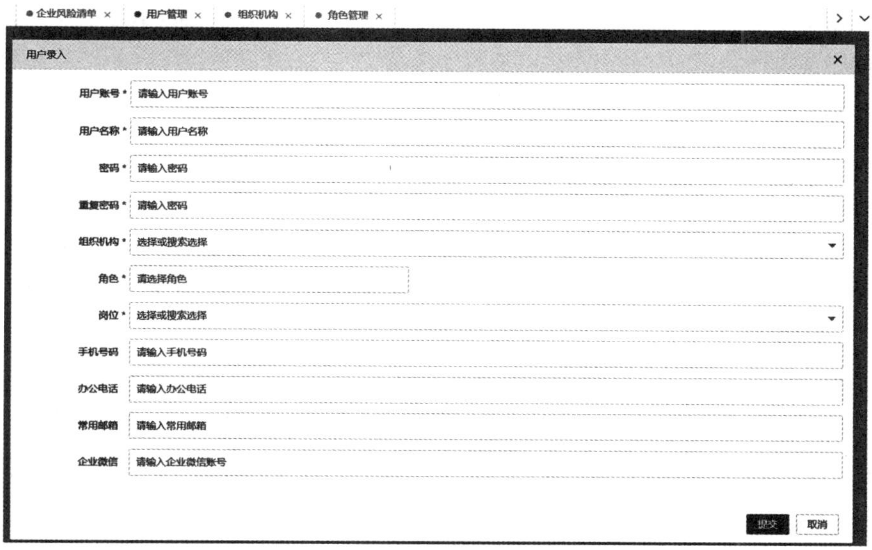

图 8-6　安全双重预防信息系统用户角色添加示例

由系统设计研发团队根据用户角色，设计面向不同用户的培训课件。培训的针对性非常重要，一般情况下，应结合实际场景进行讲解。

3）系统设计研发团队完成培训工作。

培训工作由安全管理部门组织，培训主管部门配合，系统设计研发团队负责实施。培训尽量采取线下形式，条件所限也可以采用线上，但系统设计研发团队应结合系统使用情况进行培训，一般不能只凭 PPT 开展培训。条件具备的企业，可通过电教室，使所有人能够跟随培训人员同步操作。采用电教室时系统设计研发团队需要前期做好系统账号、网络等准备。

4）安全管理部门进行培训效果总结。

根据系统使用情况和用户反馈，安全管理部门对培训效果进行总结，如果有必要可以由安全管理部门进行二次培训。

5）培训主管部门将培训记录存档。

双重预防信息系统培训属于培训的一部分，应该纳入员工培训记录。

【工作常见问题】

（1）煤矿未明确对接系统初始化工作人员。

解答:煤矿安全生产管理部门没有意识到系统初始化的重要性,且该工作涉及前期的数据有效性、信息系统等,需要安全生产管理部门指定对接人员,协调系统设计研发团队开展工作。对接人员应全程参与信息系统建设工作,熟悉系统功能,明确对接各项需求,能够胜任系统初始化工作。

(2) 煤矿各专业部门提供的基础数据无法满足系统设置。

解答:这种情况出现的原因是前期数据采集质量把关不足,应由安全生产管理部门指定的对接人员协调数据采集部门尽快对数据进行修改、完善。

(3) 系统使用人员不积极参加系统使用培训,不能熟练使用系统。

解答:安全生产管理部门应在培训之前向所有用户强调信息系统的重要性,并明确指出未来会对双重预防信息系统使用情况进行考核,提醒各参加培训的人员重视起来,并在培训过程中维持培训现场纪律等,督促参训人员用心学习。此外,还应准备相关资料,在培训后供系统使用人员对照学习时参考。

【工作成果】

(1) 完成初始化设置的安全双重预防信息系统。

(2) 安全双重预防信息系统培训档案。

【案例】

某煤矿在聘请第三方完成安全双重预防信息系统研发建设后,系统处于初始化状态,需根据煤矿的组织机构、岗位等实际管理情况对安全双重预防信息系统进行包括数据字典在内的参数配置。

研发系统的第三方工作人员根据煤矿提供的组织机构、岗位、人员名单、风险和隐患的基础数据库,配合煤矿内部系统管理人员对系统的基础参数进行了设置,经测试后系统具备运行条件。

企业主要负责人、分管安全负责人安排安全管理部门组织开展信息化系统使用培训,邀请厂家人员进行授课,培训范围涵盖了所有信息化系统使用的部门、人员,并对培训效果进行了分析总结。通过培训,全体人员掌握了信息化系统的操作流程。

8.5 安全双重预防信息系统运行与考核

【工作目的】

企业有效运行双重预防信息系统，将双重预防机制落实到企业各项安全管理工作中。为了保证信息系统的有效运行，企业需要对双重预防信息系统进行维护，确保其可用性，同时对各信息系统用户的使用情况进行统计、考核，督促各用户使用双重预防信息系统。

【工作主要内容】

(1) 建立《双重预防信息系统运维管理办法》《双重预防信息系统使用和考核管理办法》，经审核批准后发布实施。

(2) 在双重预防信息系统运行过程中开展运维工作，保证信息系统的有效运行。

(3) 安全管理部门通过系统监督检查各责任岗位人员的风险管控和隐患排查治理情况，定期对系统使用情况进行总结分析并实施考核。

【工作组织部门与人员】

安全生产管理部门组织并落实。

【工作参与部门与人员】

(1) 双重预防信息系统运维的参与人员包括信息技术管理部门的工作人员和系统设计研发团队的运维人员。

(2) 双重预防信息系统运行考核需要信息技术管理部门配合。

【工作流程】

(1) 双重预防信息系统运行维护工作流程。

1) 制定双重预防信息系统运维制度。在制度中要明确双重预防信息系统运维的责任部门，要求指定人员。细分双重预防信息系统运维的类型，对不同类型的流程、质量标准等予以约定。

2）基础数据维护管理。企业部门调整、人员调整、人员联系方式变化、风险点变化、危险因素变化等基础数据发生变化后，进行数据维护。

3）系统软件正确性维护。当使用过程中发现测试时未发现的错误时，联系系统设计研发团队的运维人员予以纠正。

4）月度双重预防信息维护。每月将月度综合分析会议结果反馈到双重预防信息系统中，并生成或修改月度隐患排查计划或安全风险管控计划。

5）安全风险辨识评估信息维护。完成年度、专项安全风险辨识评估后的数据维护工作。

6）系统软件完善性维护。系统运行过程中，企业希望增加新的功能或调整相关代码时，根据运维合同，联系系统设计研发团队的运维人员予以升级或洽谈升级合同。

7）用户问题维护。根据用户等级、问题等级，指派人员进行维护，确保系统能够运行，并记录运维数据。

双重预防管理信息系统运行维护的工作包含诸多方面，在制定制度后，上述第 2 到第 7 项内容并不存在先后关系。

（2）双重预防信息系统运行考核工作流程。

1）起草安全双重预防信息系统使用与考核管理办法。

该办法的起草工作由煤矿安全生产管理部门负责，对岗位责任人员在系统线上的双重预防工作操作应进行明确规定，并制定相应的考核细则。

2）各部门、岗位通过系统运行履行职责。

各级人员通过安全双重预防信息系统进行风险分级管控、隐患排查治理等双重预防工作，履行各自的安全生产责任，尤其是应重视安全风险管控责任的落实情况。所有数据应尽量自动记录，减少因考核而要求的数据采集工作量。

3）双重预防信息系统使用监督检查。

安全生产管理部门监督考核责任人员通过每天系统数据的更新情况、风险管控落实情况、隐患排查治理记录对负有双重预防工作职责的各岗位人员的系统使用情况监督检查，提示责任履行情况。

4）数据统计与考核。

安全生产管理部门定期总结分析信息系统运行情况，根据考核制度编制相关清单，并落实考核结果。

【工作常见问题】

(1) 煤矿安全生产管理部门没有合适的人员担任系统运维工作。

解答：一般情况下，双重预防信息系统的运维责任由安全生产管理部门承担为宜。如果没有合适的人员，建议从其他部门调入一个熟悉管理信息系统的人员，兼职负责该项工作。不是实在没有选择，不应将双重预防信息系统运维的责任分配给信息技术管理部门。

(2) 各级人员习惯于纸质化办公，对安全双重预防信息系统存在排斥心理。

解答：对拒绝接受信息系统的工作人员按照制度进行考核、公示，同时加强安全双重预防信息系统的宣贯力度。各分管负责人、各部门主要负责人要带头使用双重预防管理信息系统，带动各方使用。

(3) 企业员工对双重预防机制中安全风险与隐患排查关系理解不到位，存在对信息系统使用的抵触情绪，录入数据不规范甚至存在编造数据等问题。

解答：首先应确保员工经过培训，会使用双重预防信息系统。其次按照制度对员工使用双重预防信息系统的情况进行考核，同时还可以将信息系统使用与其他考核内容挂钩，提高该项工作的重要程度。此外，还应积极升级双重预防信息系统，减少员工数据录入的工作量，从易操作上减少员工的抵触情绪。

【工作成果】

(1)《双重预防信息系统运维管理办法》。

(2)《双重预防信息系统使用和考核管理办法》。

(3) 双重预防机制运维记录(台账)。

(4) 双重预防信息系统运行信息及考核记录。

【案例】

L 煤矿在与第三方机构的合作下，按照政府和上级部门的要求，结合煤矿实际安全管理需求，研发建设了煤矿安全双重预防信息化系统，经过对全体人员进行系统使用培训后，在相关部门电脑满足信息化系统使用的情况下，在矿灯房集中配置了20台电脑并安装了双重预防信息化系统，方便检查人员升井后及时录入管控措施、新增隐患的检查情况。

L矿安全管理部门制定了《安全双重预防信息系统运行与考核管理办法》，如图8-7所示。

L煤矿安全双重预防信息系统运行与考核管理办法

总则

为保障我矿安全双重预防信息系统的有效运行，通过信息系统的使用规范我矿双重预防机制各项工作内容，提高双重预防机制的工作效率，制定本办法。

一、安全双重预防信息系统运行

1、各部门、区队应指定专人负责本部门的风险、隐患数据的维护更新。

2、年度风险辨识及专项风险辨识完成后，各部门、各专业负责人应将年度安全风险辨识结果如实录入系统。

3、各级风险管控责任人按规定进行风险管控任务时，应将责任范围内的风险管控措施落实情况录入系统。

图8-7　安全双重预防信息系统运行与考核办法示例

该管理办法明确了安全风险分级管控、事故隐患排查治理中要求的相关资料全部通过信息化系统进行统计、考核，并制定了相应的奖惩条件，安全管理部门每天对检查人员入井排查的管控措施及新增隐患录入、整改、验收情况进行通报，每月对其余相关资料的上传情况进行通报，每季度进行奖优罚劣。通过采取以上措施，L煤矿××年双重预防信息系统运行良好，各类资料数据保存完善，推动了L煤矿安全高效发展。

8.6 安全双重预防信息系统联网

【工作目的】

煤矿通过双重预防信息系统落实双重预防机制积累了大量企业双重预防机制运行、企业安全生产主体责任履责、安全风险管控情况等方面的信息，通过数据联网，可以反映出企业的履职情况和履职效果。按照监管部门要求，实现煤矿安全双重预防信息系统与监管联网平台的互联互通，监管平台对煤矿双重预防数据进行采集、分析、应用，为煤矿安全监管监察精准执法提供数据支持。

【工作主要内容】

按照监管部门发布的数据联网规范要求，对照联网数据规范列表，对系统数据、字段进行调整，开发系统上报接口，做好数据接口开放准备工作，按照安全监管监察部门的具体联网要求，实现与监管联网平台的互联互通。

【工作组织部门与人员】

安全生产管理部门组织。

【工作参与部门与人员】

系统设计研发团队具体负责完成，煤矿信息技术管理部门配合。

【工作流程】

双重预防信息系统数据联网是向安全监管监察部门的双重预防监管信息平台提供数据。不同监管监察信息平台的联网具体要求、流程有所不同，一般流程如图 8-8 所示。

(1) 煤矿安全双重预防信息系统数据和字段检查。

系统设计研发团队人员对照监管部门下发的数据联网规范，按照其中对上传数据和字段的要求，检查煤矿安全双重预防信息系统相应的数据和

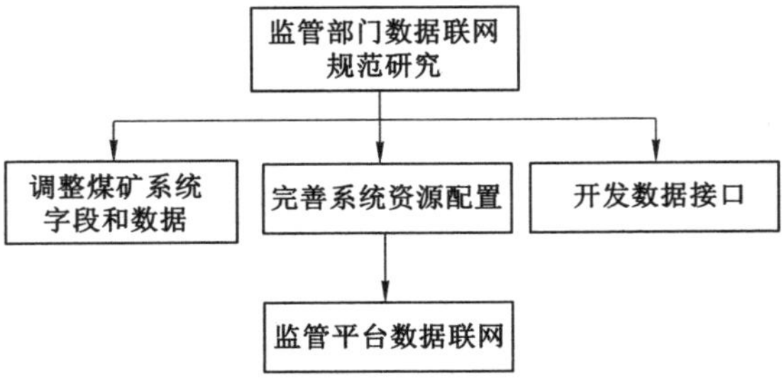

图 8-8　安全双重预防信息系统联网工作流程

字段，找出不符合项。系统设计研发团队人员将第一步梳理出的不符合项，逐一进行调整。

(2) 完善系统服务器、网络传输等资源配置。

系统服务器应同时满足煤矿安全双重预防信息系统内部运行数据储存需求和监管平台要求数据上传储存需求，同时煤矿信息技术管理部门要确定数据上传的网络传输方式，配合系统设计研发团队人员完成资源配置工作。

(3) 开发数据上传接口。

系统设计研发团队人员对照监管平台的数据接口，进行矿端系统的接口开发、测试等工作。

(4) 向监管部门提出数据联网申请。

煤矿安全生产管理部门向监管监察部门提出联网申请，根据监管监察部门的数据联网步骤、审核等要求，配合完成各项工作。

双重预防机制信息系统数据联网成功后，要保证信息系统的正常使用，确保始终有数据上传，同时要保证网络的通畅。当因为某种原因需要中断网络时，一般应向监管监察部门信息平台的负责人通报，网络恢复后应及时确定双重预防机制信息系统情况再次实现数据联网。

【工作常见问题】

(1) 监管部门发现企业上传的数据后，会不会因此对企业进行处罚。

解答：监管部门采集企业双重预防数据的目的是发现可能存在的问题，判断企业是否履行自身的安全生产责任，除了重大事故隐患、某些指标超限报警等重要问题外,一般并不关心某个数据的详细内容。

(2) 企业内部网络和监管部门网络不在一个网络上。

解答:一般可以采用 VPN 进行连接,也可以通过专门的数据采集终端采集。

(3) 数据联网后,是不是需要对某些上传的数据进行审核。

解答:监管部门除了远程对各企业安全风险进行线上巡查外,一般是通过对各个企业上传数据的综合分析,发现一些表现与其他企业不同的企业,即异常企业,作为安全监管的重点。因此,刻意筛选数据往往会使得企业的数据与其他企业相比存在异常,反而容易引起关注。因此企业按照自身实际运行情况上传数据是最合理的选择。

【工作成果】

(1) 煤矿双重预防信息系统数据和字段按联网规范要求升级。

(2) 系统存储和网络资源配置完成。

(3) 完成系统上报接口开发。

(4) 煤矿双重预防信息系统与监管监察平台实现数据互联互通。

【案例】

依据政府和上级部门对安全双重预防机制信息化建设的工作要求,同时考虑双重预防管理信息系统能够实现与上级政府监管平台的数据联网,L煤矿遵照数据规范,与第三方合作机构共同研发了煤矿双重预防机制管理信息系统。

在第三方合作机构的配合下,结合煤矿实际管理情况,对照监管平台的数据规范,在信息化机房配置了符合数据储存和上传的服务器,对系统内的数据和字段进行了规范性设计,同时开发了数据接口。监管部门联网工作小组根据安全双重预防机制地方标准、联网通知等文件要求,对煤矿提供的矿端系统联网申请材料及上传的测试数据进行审查评估。上传数据的完整性和有效性符合规范要求,联网测试通过。煤矿通过专网或 VPN 将矿端煤矿安全双重预防机制管理信息系统数据直接上传至安全双重预防机制监管监察信息平台。

9 煤矿安全双重预防机制建设与运行水平提升

安全生产永无止境，作为安全管理体系核心，双重预防机制的建设和运行是一个持续提升的过程，绝对不能将其理解成一个“完成”后就可以置之不理的工作，其原因可分为三个方面：

第一，作为一个管理机制，其内在也遵循PDCA循环，而且安全生产工作本身也在不断变化之中，因此无论是数据库还是双重预防机制要素，都要根据企业的运行情况不断完善、调整。

第二，双重预防机制是一个不断发展的理论，其本身内容也在不断完善，如以风险研判解决风险动态管控问题、智能双重预防机制问题等，企业应该根据最新的研究成果、其他企业的实践经验，不断完善自身的双重预防机制建设。

第三，双重预防机制从无到有、从有到用、从用到好用，是一个不断提高、深化的过程。随着各行业双重预防机制建设水平的提升，政府监管部门也会逐渐提高对企业双重预防机制的要求，因此需要根据新的要求完善自身的双重预防机制。

要完善双重预防机制，必须要确保建设成果满足双重预防机制理论的内涵要求，要确保双重预防机制与企业的安全管理实际情况相吻合，既有科学性又有可操作性。企业提升、完善自身双重预防机制，可以从机制完善、工具提升和重大风险管控三个角度着手，前者主要从管理角度出发，包括现有体系的完善以及有效落实安全生产责任，后两者则都与智能化有密切的联系。

9.1 双重预防机制的常见提升完善方向

当前不少企业双重预防机制建设、运行仍存在较大的问题，并没有体现出双重预防机制的内涵，因此也就起不到预期的效果。本书所解读的《规范》就是为了解决该问题而出台，企业尤其要重视要将风险和隐患一体化管理，以及建立、完善持续改进机制等内容。除了《规范》中必须要满足的要求外，企业还可以从下面几个方面提升、完善自身的双重预防机制，打造安全管理的强大内在动力。

（1）完善双重预防安全风险数据库。

双重预防机制的关键是要夯实全员的安全生产责任，其基础就是通过掌握企业风险情况及管控措施，然后按照风险严重程度、专业等将安全风险管控责任分配到各个部门、岗位，确保所有的风险都有人管、所有的人都有自己的责任。这样就避免了安全管理人人有责，但在实际中具体到每一个风险时，又找不到明确的责任人，或有责任人，而责任人本身又不能准确了解自身的责任等情况。显然，要科学、准确分配每个部门、岗位的安全风险管控责任，就要有一个高质量的安全风险数据库。当前不少煤矿虽然进行了多次的年度安全风险辨识，但辨识结果质量不高，在实际中也没有得到应用，并未真正契合双重预防机制的初衷。

很多企业同时编制安全风险数据库、隐患数据库和“三违”数据库等资料，但从双重预防机制本身，或者从安全管理发展趋势而言，安全风险数据库的重要性更高，可以衍生出另外两个库，在实际中直接使用的也应该是安全风险数据库。为确保安全风险数据库的质量，其编制应遵循四个原则：

第一，科学性。安全风险数据库的格式应符合《规范》等的要求，企业补充部分应符合双重预防的逻辑，如对风险的界定、风险等级的评估等。

第二，合理性。安全风险数据库在编制时会遇到各种不同的问题，但应在满足风险各类管控法律法规、规章制度、标准文件等要求的基础上，符合企业安全生产、风险管控的实际情况。

第三，易用性。安全风险数据库是落实全员安全生产责任的重要来源之一，尤其是在日常落实安全生产责任时，数据库要能够支持各方履责的简单、易行，减少工作的复杂性。

第四，可维护性。安全风险数据库处于不断变化之中，因此可维护性至关重要，对于确保双重预防机制能够长期有效运行意义重大。

企业提升、完善安全风险数据库应从三方面开展工作：

1）修改完善安全风险辨识评估和安全风险数据库管理制度、流程等。

安全风险辨识评估的逻辑直接影响到具体的工作，一般应按照“一矿多点、一点多险、一险多控、失控为患”的思路开展辨识工作。辨识工作宜在做好顶层设计的基础上，以技术人员、管理科室、区队班组管理人员为主进行。全面辨识不一定体现在全员参与上，更多表现在对所有危险因素风险的辨识上。有些企业要求全员参与辨识，可以将安全风险辨识评估分成不同的环节，如在危险因素的梳理上、管控措施的审核上等，体现全员参与。

在当前数据作为企业核心资源之一的时代，安全风险数据库管理制度对于企业意义极其重要。煤矿应明确安全风险数据库的管理内容、流程、责任单位、责任人等，如专项辨识结果的数字化和数据库更新、定期安全风险辨识结果调整及对应数据库更新等，都必须有明确的责任人。该责任单位和责任人可以设置在企业的信息中心等信息管理部门，也可以设置在安全生产管理部门。但从工作角度而言，宜以安全生产管理部门为主，而责任人则应既懂安全生产，又懂双重预防机制等安全管理方法，而且还熟悉信息技术，属于复合型人才。因此，企业必须加大人才的选拔、培养力度等，确保相关人员能够胜任相关工作。

2）高质量做好年度安全风险评估和专项评估工作。

年度安全风险辨识评估是安全风险数据库的基础，专项辨识是安全风险数据库的补充，两者都是数据库的数据来源。把好安全风险数据入口关是非常重要的，企业应按照《规范》的要求，规范各类数据表格，明确定义，认真开展培训。对于辨识结果则应尽早审核，在安全风险辨识评估小组工作过程中设置若干节点，持续进行审核，而不是等到完成初稿后再审核。安全风险辨识评估的工作量非常大，尤其是第一次或推翻之前的成果另起炉灶时工作量更大，因此在过程中及时干预，确保安全风险辨识评估小组工作始终走在正确的道路上，对于最终的安全风险数据库质量至关重要。

3）建立、落实安全风险辨识结果的持续改进。

无论企业如何重视年度安全风险辨识评估工作，都不可能保证安全风险数据库的绝对科学、准确，过度追求年度安全风险辨识评估的质量甚至可能会引起安全风险辨识评估小组的负面情绪，对整个双重预防机制建设和运行工作不利。此外，煤矿安全生产的一个重要特点就是风险始终处于变化之中，即使年度安全风险辨识完全符合要求，也会随着时间的推移逐渐与实际情况产生一定的差异。因此，建立、落实安全风险辨识结果的持续改进制度就非常重要，这一点当前并没有引起行业内的广泛重视，是各企业都亟待加强的方面。安全风险辨识结果的持续改进一般可以在季度安全分析会议上进行，而且要指定责任人将修改内容落实到数据库中，实现安全风险数据库的不断完善。

(2) 以制度推动双重预防信息系统运行。

双重预防信息系统的重要性毋庸多言，但恰恰是这方面存在的问题是双重预防机制建设、运行中最为突出的问题之一。作为辅助企业更好运行双重预防机制的信息系统，在一些企业中成为摆设甚至麻烦的原因很多，一方面和双重预防信息系统本身有关，另一方面也和使用双重预防信息系统的人有关。前者存在的问题主要在双重预防机制建设过程中去解决，要确保双重预防信息系统内在逻辑符合双重预防机制的要求，而不是仅仅在功能模块名称上保持一致。一些企业仿照安全生产标准化管理体系中相关要求或《规范》的框架，采用一个个屏幕依次录入相关内容的方式，将双重预防信息系统建设成为一个数据录入、记录的系统，是完全不符合双重预防机制内在逻辑的，也完全不能起到双重预防机制的预期作用。

这里主要说一下双重预防信息系统使用者对信息系统运行的影响。与很多人的理解不同，管理信息系统是一个人机系统，其有效运行、发挥作用不仅仅取决于“机”部分的质量，也依赖于“人”，以及“人”与“机”的互动。从后两个角度而言，双重预防信息系统运行存在问题的原因主要包括以下几类：

1) 员工不信任双重预防机制，不想用新的信息系统。

时至今日虽然双重预防机制已经得到了广泛的认可，但仍有部分人员对其抱有怀疑、不信任的态度。尤其是少数关键的领导人员抱有这种态度时，对其他员工的潜在影响是非常巨大的，必须要抓好关键少数。内心不信任的情况下，如果没有明确的考核压力，员工不可能有使用新信息系统的动力。

2）员工怕麻烦，不想用新的信息系统。

企业如果按照原有模式改造信息系统，虽然可能会感觉比较熟悉，更容易被员工接纳，但往往与双重预防机制内在逻辑差距巨大。双重预防机制是安全管理思想和方法的一次重要创新，与传统的隐患闭环管理模式有显著的区别，因此就算是依照企业需求研发的双重预防信息系统，其内在逻辑与企业原有的信息系统也必然有很多的不同。这些不同会让一些员工感觉不适应，内心有所抵触，不愿意再学新的操作方法，也就不想用新系统。这一点在一些年龄较大的员工中表现更为突出。

这两方面原因互为表里，一个是内在因素，另一个是外在因素，而且相互交织，形成负向循环。如果企业的双重预防信息系统还存在操作较为复杂、数据质量不高、网络不稳定等情况时，上述两方面的负面想法就会以双重预防信息系统客观上的不足为由，进一步强化。因此，要改变员工的态度，除了要保证双重预防管理信息系统本身的高质量外，还应从培训、考核制度等方面着手，系统性预防、解决双重预防机制的落地运行问题。与双重预防管理信息系统运行有关的制度一般应包括在以下几方面的制度中：

1）安全培训制度

在安全培训制度中，除了要有风险辨识评估方法、风险辨识结果、隐患排查治理方法等方面的培训要求外，还应增加对双重预防机制重要性、与安全生产责任制关系、双重预防信息化，以及本企业双重预防信息系统使用方面的培训，统筹解决员工对双重预防机制的认识问题和掌握双重预防信息系统的使用方法问题。

2）安全生产责任制考核制度

没有考核往往难以有效规范员工的行为。企业在安全生产责任制考核制度中，应将对双重预防信息系统使用的内容纳入其中。考核权重或力度的加大能够给员工的行为带来显著的改变。

除了将双重预防信息系统使用情况纳入考核外，还可以在相关制度中设计激励员工使用双重预防信息系统、主动录入数据的机制，如对员工排查出的隐患统计按照信息系统中的数据进行考核、对于员工主动录入系统的隐患不予考核或不予追究责任等。

3）双重预防信息系统使用制度

双重预防信息系统要运行起来，其关键是领导要重视。企业可以将双重预防信息系统与日常某些安全管理活动结合起来，督促信息系统的使用，如规定各科室、区队每天的早会要结合信息系统进行，主要负责人每月的月度总结分析会、安全生产例会等，都调用双重预防信息系统相关数据支撑等。通过领导层的关注、日常工作内容的要求等，逐渐使企业上下形成使用新的双重预防信息系统的习惯。

4）信息系统运维制度

双重预防信息系统的可用性是信息系统运行的基础，但由于软件、硬件、网络或数据方面的原因，双重预防信息系统可能会出现一些问题，企业安全管理流程、方法等的变化，也会对双重预防信息系统的功能提出新的要求。因此，企业信息化越深入，就应该越重视信息系统的运维问题，必须将其制度化。当前很多企业并没有明确双重预防信息系统的运维责任，很容易出现由于责任缺失造成信息系统逐渐弃用的情况。

（3）将员工培训与素质提升纳入双重预防机制。

随着双重预防机制建设和运行的深入，以及以安全生产标准化管理体系为代表的安全管理体系的建设和运行，全国各行业安全生产形势持续好转。在这种背景下，企业对零敲碎打事故的重视程度日益提升，而这些事故中绝大多数与人的不安全行为有密切的联系。除了9.3节中详细介绍的面向不安全行为管控的双重预防机制智能化升级外，将员工培训纳入双重预防机制，提升员工安全素质，凝聚安全文化也是企业双重预防机制的一个重要发展方向。

当前绝大多数企业的安全培训主要是考虑采取何种形式，对员工进行全面覆盖的培训，其最突出的不足就是培训的针对性相对较差。企业可以在双重预防机制有效运行的情况下，将月度分析、隐患台账、不安全行为台账等包含的信息与培训内容结合起来，提升培训内容的针对性。

（4）将个性化安全管理方法与双重预防机制融合

基于对安全工作的重视程度以及各个企业独特的安全管理历史、人员情况和地质、设备、工艺等条件，不同的煤矿、集团公司都有其具有自身特点的安全管理方法。企业对这些安全管理方法的重视度一般比较高，长期在企业中切切实实地运行，也对企业安全生产起到了重要的保障作用，因此在一定时间内必须还要坚持。出于形成安全生产工作合力的考虑，企业应该只运行一套完整的安全管理体系，有效融合各种安全管理思想和方法，这就面临如何将个性化安全管理方法与双重预防机制融合的问题。

双重预防机制是一个完整的安全管理逻辑，能够兼容安全管理大多数的方法，将企业原有安全生产管理制度嵌入双重预防机制逻辑之中，形成企业个性化的双重预防机制是一条必经之路。如将隐患、"三违"罚款或扣分、安全积分等流程纳入双重预防机制之中，将风险管控和安全包保、危险作业管控等结合，在隐患排查治理后增加追究流程等。该项工作的关键在于深刻理解双重预防机制的逻辑，能够将企业个性化安全管理方法有机融入双重预防机制的逻辑之中，进而将其纳入双重预防信息系统的流程和功能之中。

9.2 面向安全生产责任的双重预防机制

夯实全员的安全生产责任包含两个方面的含义：第一是明确，并确保每个部门、岗位都明白、掌握各自的安全生产责任；第二是落实，即每个部门、岗位都能够在安全生产活动中落实自身的安全生产责任。第一方面是基础，第二方面更加关键。安全生产责任没有落实到具体工作中，只是落在口头、书面，起不到任何的作用。2021 年发布的《新安法》在涉及全员安全生产责任制之处，都增加了"并落实"三字，就体现了国家对该问题的重视。

以往的煤矿全员安全生产责任制的考核大体上以责任单位、责任人的隐患排查数量作为导向，这样不可避免地存在风险点覆盖不全面、隐患排查不彻底、上报信息不可靠等问题。而双重预防机制又存在安全风险分级"管控"活动本身和隐患排查工作易混淆、工作质量不高的问题。因此，未来企业可将双重预防机制与安全生产责任制融合，形成煤矿全员安全生产责任制建设、落实、考核新思路，包括以下几个方面：

(1) 风险管控责任任务的落实：考核煤矿是否按时进行了年度及专项安全风险辨识，是否固定时间召开持续改进会议，制定的风险管控责任清单中必须明确各级责任岗位的职责和任务，以保证风险管控工作能够得到有效的执行和落实。

（2）隐患排查计划的落实：考核是否按照风险辨识的数量、等级及上月的实际情况来指导制订并执行隐患排查计划，检查计划是否包括关键环节和重点区域，并核实计划的执行情况和效果。对未按时间、计划完成或即将超时的责任单位、责任人进行预警。

（3）重大风险专项管控方案的落实：考核煤矿是否按照要求制定并执行重大风险专项管控方案，核实方案的具体措施是否得到有效执行，包括防范措施的落实情况、风险管控措施的有效性等。

对于这些考核项目，主要数据在各单位、人员履职过程中就自动采集，部分评估可以通过巡检、抽查、检查等方式进行，最后由煤矿的安全管理部门或者相关监管部门进行检查和评价。评价时采用定量的指标或者评分体系进行量化评价，对煤矿的安全生产责任制的执行情况进行评估和排名。在考核过程中，应注重将责任分解到各个层级和岗位，推荐副总及以上管理层按照个人考核，各科室区队按照集体考核，由单位领导统一调配任务，确保责任到位。

当前国内安全双重预防机制与信息系统多数都没有很好实现安全风险分级"管控"工作的落地，更谈不上夯实安全生产责任，只是实现了隐患的闭环治理。然而双重预防机制的核心就是要夯实安全生产责任，这就造成很多企业的实践与双重预防机制的初衷出现偏差。面向安全生产责任的双重预防机制既体现了双重预防机制的内涵，又使安全生产责任制更加具有可落地、可考核性，实现了企业层面安全治理体系和治理能力的全面提升。

9.3 智能安全双重预防机制建设

近年来，煤炭行业智能化建设快速推进，在一定程度上实现了透彻感知、泛在互联和智能决策。2023 年 3 月，国家能源局印发《关于加快推进能源数字化智能化发展的若干意见》（国能发科技〔2023〕27 号），明确提出要加强传统能源与数字化智能化技术相融合的新型基础设施建设，释放能源数据要素价值潜力，后续发布的《智能化矿山数据融合共享规范》为从安全角度全面集成安全相关数据奠定了基础。2023 年 11 月 14 日至 15 日，国家矿山安全监察局召开全国矿山智能化矿山建设工作会商视频会议，加快推进矿山智能化建设和安全高质量发展。会议指出，我国矿山智能化建设已基本解决了从无到有的问题，必须加快完善煤矿智能化建设的时间表、路线图，摸清底数，建立台账，做到“能上尽上、能上快上”。未来全国各煤矿的智能化建设必将继续向深度、广度两方面持续发展。有了智能化基础设施带来的数据和信息，企业可以在更加深入、全面掌握安全相关数据的基础上，实现对风险的精准、超前管控，推动双重预防机制向智能化迈进。

智能双重预防是将智能化技术与双重预防机制各环节工作有机融合，通过对人、机、环、管各方面安全数据的集成和智能分析，实现双重预防机制的减人、高效、精准和便捷化运行。为了实现智能双重预防，就必须建立智能双重预防信息平台，对各类安全数据进行统一管理和智能化处理，实现企业安全管理的革命性提升。智能双重预防在数据逻辑上，可分为四个阶段：第一是透彻感知，掌握情况；第二是进行综合评估，明确当前的状态；第三是智能预测预警，了解发展趋势；第四是闭环处理，及时消除隐患或避免隐患真正发生。

智能双重预防以智能化技术实现对风险的动态管控，核心在于通过对更多安全相关数据的采集、加工，使企业能够更加准确掌握风险的变化情况和趋势，，面向智能动态、综合风险评估，实现风险及时或超前管控。智能双重预防机制下安全风险辨识评估逻辑相对独立，主要是通过技术提高工作效率和质量，既可以采用手机端也可以通过智能机器人、无人机等智能装备进行现场管控。这里主要介绍狭义的安全风险“管控”和隐患排查工作逻辑，可称为核心逻辑。

智能双重预防机制核心的核心逻辑可以细化为四个环节(见图 9-1)：

(1) 采集安全相关内、外部数据，实现全要素、全时空安全数据集成

内部数据可以分为“人、机、环、管”四个方面，包括静态数据和动态数据；外部数据则根据行业、企业的不同而有所不同，如行业基本数据、气象数据、地震数据等。安全数据种类要尽可能全，数据时间轴应尽可能完整，能采尽采。一般而言，数据量越多包含的信息量就越大，通过数据挖掘等方法能够发现更多、更准确、更及时的安全信息。

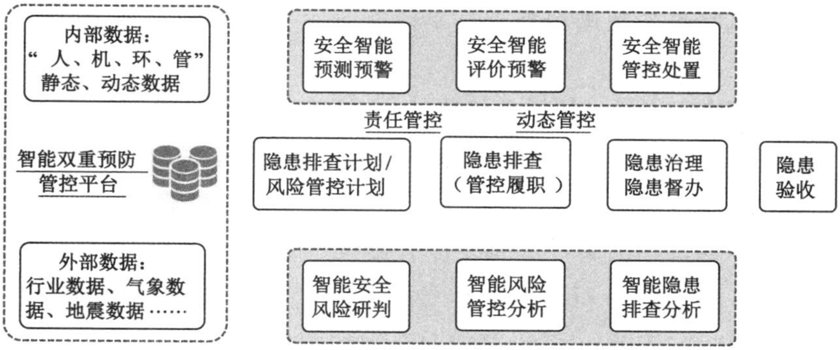

图 9-1　煤矿智能双重预防核心逻辑示意图

（2）通过编制隐患排查计划/风险管控计划，细化动态的安全生产责任

在双重预防机制的逻辑中，某个周期的隐患排查计划也可视为风险管控计划，两者同步完成。虽然企业对隐患排查计划更加熟悉，但从实际内涵上看，其本质是风险管控计划，在履行风险管控计划的同时，完成各个风险点的隐患排查工作。

智能双重预防一个重要的变化体现在隐患排查计划制订上，并不仅仅来源于年度风险辨识评估的结果，同时还来自于月度分析和基于大数据的预测预警分析结果。与原有的双重预防机制不同，月度分析中的风险研判、风险分析、隐患分析都高度依赖智能化算法的支持，和预测预警分析的结果一起，生成下月的隐患排查计划/风险管控计划，并以此为基础，细化生成可执行、可考核的月度各部门、岗位安全产责任。各部门依据隐患排查计划进行的履责可称之为责任管控。

（3）安全风险智能评价动态调整隐患排查/风险管控任务

由于企业的安全风险是动态变化的，月初制订的月度隐患排查计划/风险管控计划在执行过程中可能会出现新的情况。因此，在智能化条件下，智能双重预防信息平台对各主要风险进行综合动态评价，根据评价结果调整各部门、岗位根据隐患排查计划/风险管控计划分解的最近若干次隐患排查计划/风险管控任务，可以称之为动态管控。可以将任务理解为具体落实计划而分解的某一次行动。显然，在智能双重预防机制中，隐患排查计划/风险管控任务不但考虑了长期（年度辨识评估结果）、中期（月初的智能化预测预警、分析）计划，而且很好地体现了当前安全风险的实际变化情况（及时应对刚发现的风险水平超阈值情况)，真正实现了对风险的全方位管控、责任管控。

(4) 从智能分析得出管控处置建议，支持隐患科学治理、督办

智能双重预防机制能够根据隐患的情况，智能判断需要采取什么措施，并将处置建议推送给责任部门和人员。智能处置建议能够有效解决现场工作人员业务不熟练等因素造成的处置措施不合理、不完善等问题。

中国矿业大学安全科学与应急管理研究院与陕西煤业股份有限公司(简记为陕西煤业)合作开展的煤矿安全智能保障体系研究，就是将智能双重预防的核心思想与陕西煤业的三级安全管理模式结合，以安全风险管控为主线，通过建设一套技术完备、自主运行、持续改进的安全智能管理体系，构建了“大数据＋互联网＋安全监管”的安全智能保障新模式。在具体落地的信息平台上，煤矿安全智能保障体系全面采集矿井人、机、环、管四方面的安全监管、各类数据，利用信息化、大数据、物联网等技术手段，建立了具有集系统集成、数据采集、综合分析、动态评判、实时预警、智能管控等功能于一体的煤矿智能化安全保障信息平台。该信息平台让算法赋能、数据跑路、管控智能，加速安全生产从静态分析向动态感知、事后应急向事前预防、单点防控向全面系统联防联控的转变，实现了“业务系统集成化、数据交换标准化、风险研判智能化、综合评判系统化、安全要素可视化、应用系统平台化、安全监管在线化”的目标，为实现“靶向式”精准安全管控提供系统保障。

除了对双重预防机制核心逻辑的创新外，智能双重预防对原有安全管理模式，包括非智能双重预防机制的一个重大创新是基于 AI 视频识别，为人员不安全行为管控提供了解决方案。

由于不安全行为具有显著的时间窗口特征，使得对不安全行为的管控只能依靠现场人员敏锐观察与及时处理，因此管理的难度很大，容易造成大量不安全行为无法被发现，更谈不上有效整改。而 AI 视频识别的人员不安全行为管控通过在关键场所、易发不安全行为的区域安装智能摄像头，或通过摄像头采集视频后在后台进行视频分析，能够及时发现人员的不安全行为，并同时进行录像留证。AI 视频识别方式对不安全行为的管控已经在很多煤矿逐步推广，当前中国矿业大学安全科学与应急管理研究院等单位已经在陕西省、内蒙古自治区的诸多煤矿实现了基于 AI 视频识别的人员不安

全行为管控，并取得了显著的效果。当然，新技术的应用必然带来新的安全管理流程，企业完全可以将其与双重预防机制中的不安全行为管控工作结合起来，通过发展智能化升级现有的双重预防机制和信息系统。

需要指出的是，智能双重预防的数据来源既包括工业视频、环境监测监控、设备工况等“硬数据”，也包括安全风险、隐患、不安全行为方面安全管理的“软数据”，通过全面数据的整合，实现对风险的评估、预警等，掌握安全管理的主动权。这些数据虽然越多越好，但并不存在一个“完善”的说法，所以企业不需要等把所有数据都采集齐全再开始智能双重预防机制建设，而应立足当前数据进行集成，在现有双重预防机制基础上向智能化方向发展，并随着智能化建设的深入，同步升级自身的智能双重预防机制和信息平台。

9.4 灾害综合防治系统

2021年，国家能源局、国家矿山安全监察局联合下发的《煤矿智能化建设指南(2021年版)》(国能发煤炭规〔2021〕29号)和国家能源局下发的《智能化示范煤矿验收管理办法(试行)》(国能发煤炭规〔2021〕69号)都对灾害综合防治(或灾害监测与防治的综合防控系统等)提出了要求。尤其是《智能化示范煤矿验收管理办法(试行)》，在“安全监控系统”部分明确要求建设综合防治系统，对煤矿灾害评估、预测、预警、应急处置等提出了具体的验收标准，且占到该部分分值的30%。因此，灾害综合防治系统是煤矿智能化建设的重要组成部分，对顺利通过智能化验收具有至关重要的作用。

智能化灾害综合防治面向的是重大风险评估预警及灾害防治问题，煤矿灾害综合防治系统应建立针对矿井瓦斯、水、火、煤尘、顶板和冲击地压等灾害风险的评价体系，融合灾害相关监测数据，实现对矿井环境重大风险的智能研判、预警和管控。与当前煤矿面向单一灾害防治的各种信息系统相比，智能化灾害综合防治系统的特点突出体现在综合数据和智能加工两方面。它建立在现代智能化技术基础之上，实现了对各类重大灾害防治的突破。智能化灾害综合防治对于煤矿安全管理具有重要的意义，能够实现重大风险管控方法从管理的“超前管控”到技术的“超前防控”，作为重大风险管控的一种方法，应将其融入智能双重预防体系和信息平台。

要满足智能化矿井建设要求，有效支持煤矿重大灾害的综合防治，煤矿灾害综合防治系统应实现以下技术要求：

(1) 数据融合共享

煤矿灾害综合防治系统能够实现多种灾害监测数据的统一传输、分类存储、融合共享。企业应研究开发双重预防系统的异构监控数据采集感知中间件，建立煤矿安全风险大数据的时空融合模型，实现数据对象去噪、清洗、特征提取与关联挖掘，构建矿井安全生产大数据中心，解决煤矿安全生产大数据的采集与融合难题。

(2) 数据分析挖掘

对灾害综合防治相关数据的分析挖掘分为两个时间维度：一个是通过全面监测各个灾害的多维数据的变化，对当前单一灾害或多灾害综合风险进行评价，对超出阈值的风险进行预警；另一个是通过对各维度大量历史数据的智能分析，对单一灾害或多灾害综合风险水平的未来变化趋势进行预测，根据预测发现的可能异常或风险值上升的可能进行预警。显然，前者是对当前问题的判断，侧重立即处置；后者是对未来变化的预测，侧重后续关注。

1) 多种灾害监测预警。

根据煤矿灾害防控需要，分层级、分维度建立灾害评估指标体系，进而研究灾害评估模型。在灾害评估模型构建的基础上，通过煤矿安全大数据中心接入风险因素相关动态变化数据，实现对矿井风险的动态智能评估，并进行定量和定性输出，实现对水、火、瓦斯、煤尘、顶板等多种灾害的监测、预警、预测，以及对各类灾害的综合评估。

2) 多种灾害智能预测预警

灾害智能预测预警的功能是基于灾害监测数据、灾害评估和预测结果，发现风险异常情况时，系统自动预警，并按照设定规则，对预警信息进行分级别、分专业精准推送。预警类别包括单指标预警和综合预警等，如瓦斯超限预警和矿井灾害综合风险预警等。灾害智能预测是灾害综合防治的核心，也是煤矿能够实现对灾害超前管控的关键。不同的灾害其变化规律不同，因此必须针对不同灾害采取有针对性的一灾害一策的方式进行预测。

3) 灾害智能管控与信息传输

明确了可能存在或后续将出现的隐患后，应对责任单位提出具体的工作建议，条件具备时甚至可以直接采取某些管理和技术措施。生成工作建议的方法和思路有多种，中国矿业大学安全科学与应急管理研究院提出了基于知识图谱技术的煤矿灾害智管控模型，构建了煤矿安全管控知识库，开发了面向灾害管控的智能推理技术和煤矿风险关联设备智能联动控制技术，能够针对不同煤矿绘制安全知识图谱，实现煤矿灾害智能管控。为实现信息的高效传输，应综合采用移动互联网、精确人员定位系统、物联网、井下无线通信等技术，将各类信息及时推送到责任单位、个人的电脑和移动终端App上。

近年来，随着煤矿智能化研究和实践的不断深化，相关技术平台、数据接口规范、数据采集规范等都已经基本完善，为灾害综合防治研究和应用准备好了丰富的数据来源。中国矿业大学安全科学与应急管理研究院长期聚焦安全相关智能算法和平台研究，其研发的集数据集成、分析、存储、安全风险评估、预测预警等功能于一体的煤矿灾害综合防治系统，就是一个典型的煤矿智能灾害防治系统，在数次智能化示范煤矿验收评定中都取得了优异的成绩，已经助力多家煤矿企业通过国家智能化示范煤矿建设验收。当前，灾害综合防治系统已经成熟，而且能够与智能双重预防有机结合，成为企业对重大风险、重大灾害进行智能化管控的有力抓手。随着全行业智能化建设的持续快速推进，灾害综合防治系统建设已经成为煤矿安全信息化、智能化建设中不可或缺的一项重要工作。

10 附　　录

《煤矿安全风险分级管控和隐患排查治理双重预防机制建设运行 规范》(DB 61/T 1914—2024)

1　范围

本文件规定了煤矿安全双重预防机制的术语和定义、总体要求、安全风险分级管控、隐患排查治理、不安全行为管理、信息系统建设、持续改进和档案管理的要求。

本文件适用于煤矿安全监管部门和煤矿企业的安全风险管控和隐患排查治理。

2　规范性引用文件

下列文件中的内容通过文中的规范性引用而构成本文件必不可少的条款。其中,注日期的引用文件,仅该日期对应的版本适用于本文件;不注日期的引用文件,其最新版本(包括所有的修改单)适用于本文件。

GB/T 23694　风险管理 术语

AQ/T 1093　煤矿安全风险预控管理体系 规范

NB/T 11123　煤矿安全双重预防机制 规范

3　术语和定义

下列术语和定义适用于本文件。

3.1　风险　risk

导致生产安全事故或健康损害事件发生的可能性和后果严重性的组合。

[来源:GB/T 23694—2013,2.1]

3.2　**风险点**　risk site

风险伴随的部位、场所和区域。

[来源:NB/T 11123—2023,3.2]

3.3　**危险因素**　hazard factors

可能产生或存在风险的主体。

[来源:AQ/T 1093,3.9,有修改]

3.4　**风险辨识**　risk identification

识别危险因素所存在或伴随风险的过程。

[来源:NB/T 11123—2023,3.4]

3.5　**初始风险**　initial risk

不考虑现有管控措施的情况下,危险因素存在的风险。

[来源:NB/T 11123—2023,3.7,有修改]

3.6　**动态风险**　dynamic risk

采取风险管控措施后的风险。

[来源:NB/T 11123—2023,3.8,有修改]

3.7　**风险评估**　risk assessment

确定风险导致事故发生可能性及危害程度的活动。

3.8　**风险分级管控**　risk hierarchical control

依据风险等级确定不同管控层级、频率的方式。

[来源:NB/T 11123—2023,3.9,有修改]

3.9　**风险管控措施**　risk control measures

管控风险所采取的消除、隔离、控制或个人防护方法和手段。

[来源:NB/T 11123—2023,3.5,有修改]

3.10　**风险管控责任清单**　risk grading control list

责任范围内的安全风险管控任务台账。

3.11　**风险预警**　risk warning

风险超过预设条件时发出的警示信息。

3.12　**隐患**　hidden danger

可能导致职业健康损害或事故发生的人的不安全行为、物的不安全状态、环境的不安全因素和管理上的缺陷。

3.13 **隐患排查** screening for hidden danger

对生产经营过程中产生隐患的检查、监测的活动。

3.14 智能化安全双重预防机制 intelligent security dual prevention mechanism

智能化技术与双重预防机制有机融合，通过对人、机、环、管安全数据的集成和智能分析，实现安全双重预防机制的高效、精准和便捷化运行。

4 总体要求

4.1 煤矿是安全双重预防机制建设和运行工作的责任主体，应当确定安全双重预防机制建设和运行的管理部门，并明确职责。

4.2 煤矿应明确安全双重预防机制建设和运行目标，应包含风险管控、隐患排查治理、不安全行为管理、生产安全事故控制、教育培训等内容，并分解到科室（部门）、区队（车间）、班组，同时将其纳入安全绩效进行管理和考核。

4.3 煤矿应建立安全双重预防机制管理制度，应包含煤矿安全双重预防机制组织机构与责任体系、风险辨识与评估、安全风险分级管控、隐患排查与登记、隐患治理与督办、隐患验收与销号、不安全行为管理、安全双重预防管理信息系统使用和运行维护、教育培训、安全双重预防机制考核、持续改进等内容。

4.4 煤矿应将安全双重预防机制内容纳入到全员安全生产责任，并定期考核。

4.5 煤矿应对重大风险及重大隐患进行公示公告，除满足 NB/T 11123—2023 第 7 章要求外，还应每月将重大风险管控措施不落实情况向分管负责人警示，并制作岗位风险告知卡。

4.6 煤矿应每年组织教育培训，并符合 NB/T 11123—2023 中第 10 章要求，培训范围还应包括关键岗位人员。

5 安全风险分级管控

5.1 安全风险辨识

5.1.1 组织实施

5.1.1.1 矿长组织各分管负责人、副总工程师和相关科室（部门）、区队（车间）对初始风险进行年度安全风险辨识评估。

5.1.1.2 矿长和各分管负责人按要求组织开展专项风险辨识评估。

5.1.2 风险点划分

煤矿应依据功能独立、易于管理、责任明确的原则划分风险点，涵盖井下(坑下)、系统、选煤厂及地面其他重点场所，应编制风险点台账并根据生产变化情况进行更新，风险点台账样表见表 A.1。

5.1.3 危险因素识别

危险因素识别应满足 NB/T 11123—2023 中 5.2.2 的要求。危险因素识别后，企业应编制危险因素清单，清单示例见表 A.2。

注：作业活动类危险因素的划分指存在安全风险的生产作业活动。

5.1.4 风险辨识类型

5.1.4.1 年度风险辨识

5.1.4.1.1 年度风险辨识除 NB/T 11123—2023 中 5.3.1.1 规定的情形之外，还应包括以下内容：

——煤矿危险作业包括：煤矿爆破、吊装、动火、临时用电、石门揭煤、探放水、巷道贯通、清理煤仓、强制放顶、火区密闭和启封等；

——煤矿隐蔽致灾因素包括：井(矿)田内及周边采空区，废弃老窑(井筒)、封闭不良钻孔，断层、裂隙、褶曲，陷落柱，瓦斯富集区，导水裂隙带、离层空间，地下含水体，地表水体，井下火区，油气及油气井、煤层气井，冲击地压危险性，古河床冲刷带、岩浆岩侵入体、煤(岩)层风氧化带、火烧区、古隆起、天窗、暗河、溶洞等不良地质体，边坡稳定性等；

——煤矿地面的风险包括：职工食堂、职工澡堂、职工会堂、职工宿舍、招待所、文体活动中心及仓库等可能存在的火灾或其他风险。

5.1.4.1.2 煤矿应编制年度安全风险辨识评估报告和《煤矿重大安全风险管控方案》。

5.1.4.2 专项风险辨识

5.1.4.2.1 专项风险辨识应符合 NB/T 11123—2023 中 5.3.1.2 规定，还应满足以下要求：

——煤矿出现组织机构调整、企业产权变更时，由煤矿主要负责人组织分管负责人、副总工程师及有关科室(部门)辨识安全管理方面存在的风险；

——连续停工停产 15 日以上的煤矿复工复产前，由分管负责人(矿长)

(复工复产前专项风险辨识评估由矿长)组织有关科室(部门)、生产组织单位(区队),重点辨识评估作业环境、工程技术、设备设施、现场操作等方面存在的安全风险。

5.1.4.2.2 专项风险辨识后,有新增重大风险或需调整措施的,应补充完善《煤矿重大安全风险管控方案》。

5.1.5 风险类型

煤矿风险类型的划分应符合《煤矿双重预防系统数据接入细则(试行)》规定。

5.1.6 辨识方法

安全风险辨识方法包括但不限于:

——安全检查表法见附录 A.3;

——经验分析法见附录 A.4;

——作业危害分析法见附录 A.5。

5.2 安全风险评估

5.2.1 评估方法

风险评估方法包括但不限于:

——风险矩阵法,见附录 B.1;

——作业条件危险性评价法,见附录 B.2;

——重大风险直接认定法,见附录 H。

5.2.2 安全风险等级划分

应符合 NB/T 11123—2023 中 5.4.2 的要求。

5.2.3 重大风险

5.2.3.1 煤矿有《重大风险直接认定情形》规定的(见附录 H),应直接认定为重大风险。

5.2.3.2 煤矿应按照风险评估方法(5.2.1)辨识评估其他重大风险。

5.3 风险管控措施

5.3.1 风险管控措施编制

风险管控措施应满足 NB/T 11123—2023 中 5.5 的要求,并将安全风险管控措施应用到作业规程、操作规程以及安全技术措施中。

5.3.2 重大风险特别规定

煤矿应在重大安全风险区域设定作业人数上限，依照《煤矿单班入井(坑)作业人数限员规定》，在明显位置悬挂限员牌板并采取限员措施。

5.4 风险分级管控

5.4.1 管控层级

应按照煤矿管理层级，逐一分解落实安全风险管控责任。上一级负责管控的风险，下一级应同时负责管控：

——重大风险由矿长负主要管控责任；

——较大风险由分管负责人、副总工程师、科室(部门)管控；

——一般风险由区队(车间)负责人管控；

——低风险由班组长和从业人员管控。

5.4.2 分专业、分区域、分系统管控

应符合 NB/T 11123—2023 中 5.6.2 的要求。

5.4.3 日常管控

安全风险日常管控，各级负责人应符合下列规定：

——矿长掌握本矿重大安全风险及管控措施并落实《煤矿重大安全风险管控方案》中重大安全风险管控措施；

——分管负责人掌握相关范围的安全风险及管控措施；

——副总工程师、科室(部门)负责人、区(队)长、班组长和关键岗位人员掌握作业区域和本岗位的安全风险及管控措施；

——区(队)长、班组长组织作业时对安全风险管控措施落实情况进行现场确认。

5.4.4 危险作业风险管控

5.4.4.1 应制定专项安全管理技术措施并进行审批。

5.4.4.2 作业前应对作业人员开展宣贯培训，确认风险管控措施。

5.4.4.3 作业过程中应随时排查问题隐患、监督并纠正违章行为。

5.5 风险管控责任清单

5.5.1 风险管控责任清单应包括但不限于：风险点、危险因素、风险类型、风险描述、风险等级、检查项目(作业步骤)、管控措施以及责任岗位，风险管控责任清单样表见附录 C；

5.5.2 风险管控责任清单应根据专项风险辨识和持续改进工作及时更新。

6 隐患排查治理

6.1 隐患分级

6.1.1 重大事故隐患应按照《煤矿安全生产条例》(国务院令第 774 号)和《煤矿重大事故隐患判定标准》(应急管理部第 4 号令)进行判定。

6.1.2 一般隐患可划分为 A、B、C、D 四级。

——A 级:风险度高,整改难度大,应由煤矿或上级单位、部门协调整改的隐患;

——B 级:风险度较高,整改难度较大,应由煤矿分管负责人或科室(部门)组织治理的隐患;

——C 级:风险度一般,整改难度一般,宜由煤矿区队(车间)主要负责人组织治理的隐患;

——D 级:风险度低,现场能够立即治理完成,可由跟班区队长或班组长组织治理的隐患。

6.1.3 煤矿应结合实际建立隐患认定标准数据库,并确定隐患等级,隐患认定标准数据库见附录 D。

6.2 隐患类型

隐患按专业可划分为:

——井工煤矿按照采煤、掘进、机电、运输、通防、地测防治水、冲击地压防治、煤与瓦斯突出、安全管理和其他等专业划分;

——露天煤矿按照钻孔、爆破、采装、运输、排土、机电、边坡、疏干排水、安全管理和其他等专业划分。

6.3 排查方式

隐患排查方式包括但不限于:

——月度排查:矿长每月组织分管负责人、副总工程师及相关科室(部门)、区队(车间)对重大安全风险管控措施落实情况、管控效果及覆盖生产各系统、各岗位的隐患(含重大事故隐患排查整治)至少开展 1 次排查,月度排查相关工作流程应满足 NB/T 11123—2023 中 6.3a)相关要求;

——专业排查:井工煤矿分管采掘、通风、煤与瓦斯突出防治、冲击地压防治、防灭火和防治水、机电、运输等工作,露天煤矿分管钻孔爆破、采装、排土、边坡、防治水和防灭火、设备检修等工作的负责人每半月组织相关人员对覆盖分管范围的重大安全风险及月度研判风险管控措施落实情况、管控效果和隐患至少开展1次排查；

——季度排查：上级公司每季度组织开展一次所属煤矿重大风险管控措施落实情况、管控效果及事故隐患排查(含重大事故隐患排查整治)；

——矿领导带班排查：除满足 NB/T 11123—2023 中 6.3e)相关要求外，矿领导在带班检查过程中还应对重大安全风险管控措施落实情况进行详实记录；

——日常排查：除满足 NB/T 11123—2023 中 6.3d)相关要求外，还应对作业区域开展隐患排查，并结合月度隐患治理会议要求，对本单位负责的风险管控重点进行排查；

——专项排查：季节性检查、节假日检查等排查工作开展前应制定工作方案，明确排查时间、方式、范围、内容和参加人员；

——岗位排查：岗位作业人员应掌握本岗位存在的风险及管控措施，在作业前对风险管控措施进行排查确认，在作业过程中关注现场风险变化情况，做好岗位风险研判，随时排查隐患。

6.4 隐患治理

6.4.1 治理要求

隐患治理应符合 NB/T 11123—2023 中 6.4.1 的要求；对于重大事故隐患排除前或者排除过程中无法保证安全的，应当从危险区域内撤出作业人员，暂时停产或者停止使用相关设施、设备。

6.4.2 分级治理

煤矿应根据隐患的等级实行分级治理。重大事故隐患由矿长牵头治理；一般隐患根据治理难度和涉及范围分为 A、B、C、D 四级，并确定治理责任部门或责任人。

6.4.3 隐患督办

6.4.3.1 重大事故隐患督办应符合 NB/T 11123—2023 中 6.5.1 的要求。

6.4.3.2 一般隐患治理督办的责任单位(部门)和责任人员应符合下列要求。

——A 级隐患由煤矿治理，督办和验收由分管负责人组织实施；

——B 级隐患由科室负责治理，安全管理部门负责督办，煤矿负责验收；

——C级隐患由区队(车间)负责治理，安全管理部门负责督办，业务科室负责验收；

——D级隐患由班组负责治理，区队(车间)、安检员负责督办和验收。

6.4.3.3 对未按规定完成治理的一般隐患应提级督办。

6.4.4 验收销号

煤矿应根据隐患等级和隐患来源进行验收销号：

——重大事故隐患整改、验收结果应形成书面报告，经煤矿主要负责人签字，按规定上报；

——煤矿安全监管监察部门检查发现的一般隐患，治理完成后报告发现部门或其委托部门(单位)；

——煤矿上级单位检查发现的一般隐患，治理完成后应将验收结果报告煤矿上一级单位确认；

——煤矿自行排查发现的一般隐患，验收销号应符合NB/T 11123—2023中6.6a)的要求。

6.5 隐患台账

隐患台账应符合NB/T 11123—2023中6.7的要求，还应包含隐患治理的全过程及外部单位检查发现的隐患，隐患台账样表见附录E。

7 不安全行为管理

不安全行为管理应符合NB/T 11123—2023中6.8的要求，还应满足下列要求：

——按照不安全行为可能造成的危害程度，至少划分为严重不安全行为和一般不安全行为。

——分管安全负责人应每月对不安全行为进行分析，制定不安全行为管控措施，不断减少员工不安全行为，杜绝不安全行为发生。

——应结合实际制定煤矿不安全行为认定标准数据库，样表见附录F。

8 信息系统建设

8.1 基本要求

信息系统建设应满足NB/T 11123—2023中9.1的要求，还应满足以下要求：

——实现对《煤矿重大安全风险管控方案》落实的全过程信息化管理；

——实现对危险作业的流程审批、过程管控，宜对危险作业过程保留视频记录；

——实现对不安全行为治理的信息化管理，能够对不安全行为进行记录、统计、分析；

——实现风险与隐患的统计分析、风险预警和权限分级管理，实现风险与隐患数据应用的无缝对接；

——针对风险隐患数据的采集和传递，宜使用移动终端以提高安全信息管理的效率。

8.2 智能化建设

应将智能化安全双重预防机制纳入煤矿智能化建设总体规划，将人员定位、监测监控系统数据接入安全双重预防信息系统，并逐步扩展到环境、设备、不安全行为、工业视频等领域，实现对主要灾害、动态风险的动态评估、预测预警。

8.3 数据联网

信息系统应能实现与煤矿安全监管部门、上级单位的数据联网。

8.4 运维与安全

煤矿应制定信息系统使用、维护、安全管理制度，明确责任部门及工作职责。

9 持续改进

9.1 安全风险研判

9.1.1 月度总结分析

月度总结分析应满足 NB/T 11123—2023 中 11.2 的要求，还应包括以下内容：

——通报安全风险管控责任落实情况；

——通报月度危险作业管理情况、月度不安全行为管理情况；

——结合国家、地方政府或上级企业出台的法律、法规、政策、规定、办法和煤矿风险管控落实情况补充辨识新风险、完善相应的风险管控措施，更新安全风险管控清单；

——研判下月重点管控的安全风险，布置管控任务。

9.1.2 专项会议

出现重大事故隐患或发生安全生产事故，责任煤矿应召开专项会议。

9.2 机制运行提升

9.2.1 煤矿矿长每年应组织分管负责人、副总工程师、相关业务科室(部门)至少进行1次安全双重预防机制的运行分析，对煤矿安全双重预防机制的各项制度与流程在本矿内部执行的有效性、全年安全生产责任制考核结果和对法律法规、规程、规范、标准及其他相关规定的适宜性进行评价。

9.2.2 应通过评估体系实施运行效果，适时调整相关制度、流程、职责分工等内容，并形成安全双重预防机制年度运行分析报告。

10 档案管理

10.1 应满足NB/T 11123—2023中12.1的要求，并对煤矿危险作业管理台账存档记录。

10.2 年度和专项风险辨识报告、重大事故隐患信息档案或电子档案及其他隐患销号后相关性文件保存不少于2年。

附录A(资料性) 风险点台账及风险辨识方法

A.1 风险点台账

风险辨识首先要排查企业风险点，形成风险点台账见表A.1，危险因素清单见表A.2：

表A.1 风险点台账样表

序号	风险点	排查日期	开始日期	解除日期	排查人	责任单位	责任人
1	综(放)采工作面	……	……	……	……	……	……
2	掘进工作面	……	……	……	……	……	……
3	中央变电所	……	……	……	……	……	……
4	中央水泵房	……	……	……	……	……	……
5	主斜井	……	……	……	……	……	……
6	……	……	……	……	……	……	……

注1：风险点划分原则参考标准正文(见5.1.2)。

注2：依照下列步骤，形成企业的风险点台账：

注3：划分企业风险点，包含部位、场所、区域；

注4：针对某一风险点，完善其相关信息，如排查日期、开始日期、解除日期等。

表 A.2 危险因素清单示例

序号	风险点类型	危险因素名称	类别
1	综采工作面	水	作业环境
		火	作业环境
		瓦斯	作业环境
		顶板	作业环境
		煤尘	作业环境
		噪声	作业环境
		有毒有害气体	作业环境
		采煤机	设备设施
		刮板输送机	设备设施
		胶带输送机	设备设施
		液压支架	设备设施
		超前支架	设备设施
		转载机	设备设施
		破碎机	设备设施
		泵站	设备设施
		移动变电站	设备设施
		割煤作业	作业活动
2	……	……	……

依照下列步骤，形成企业的风险点台账：

① 划分企业风险点，包含部位、场所、区域；

② 针对某一风险点，完善其相关信息，如排查日期、开始日期、解除日期等。

A.2 风险辨识方法

根据风险点台账内容对各风险点进行风险辨识，其中设备设施类危险因素可利用安全检查表法辨识风险，作业活动类危险因素可利用作业危害分析法辨识风险，作业环境类危险因素可利用经验分析法辨识风险，其他危险因素视实际情况自行确定辨识方法。

A.2.1 安全检查表法

安全检查表法是依据相关的标准、规范，对工程、系统中已知的危险类别、设计缺陷以及与一般工艺设备、操作、管理有关的潜在危险性和有害性进行判别检查，是运用安全系统工程的方法，发现系统以及设备、机器装置和操作管理、工艺、组织措施中的各种不安全因素，列成表格进行分析。安全检查表示例见表 A. 3：

表 A.3　安全检查表法示例

序号	风险点	危险因素	风险描述	风险类型	风险等级	检查项目	管控措施	责任单位/部门	责任人
1	掘进工作面	掘进机	存在机械伤害风险	机械伤害	一般风险	保护装置	1. 每天对掘进机保护进行试验，确定保护灵敏可靠。	……	……
							2. 安设掘进机机载红外断电装置，当有人员误入警戒区域能及时断电停机。	……	……
							3. 每班掘进前，掘进机司机必须对每个保护进行试验，保护存在异常不得开机。	……	……
2	掘进工作面	掘进机	存在高处坠落风险	高处坠落	一般风险	护栏	1. 掘进机上方安设护栏，护栏必须完好，掘进机副司机必须在护栏内作业。	……	……
							2. 掘进副司机站在掘进机上方作业时，必须佩戴保险带。	……	……
3	掘进工作面	掘进机	存在油管爆裂伤人风险	物体打击	一般风险	系统压力	1. 掘进机系统压力严禁私自调节，如需调节压力必须由掘进机检修工操作。	……	……
							2. 检修工必须每天对系统压力进行调试，保证压力在油管可承受范围内。	……	……
4	……	……	……	……	……	……	……	……	……

表 A.3(续)

注 1:现在以表 A.3 为例对掘进工作面中设备设施类危险因素进行风险辨识,利用安全检查表法辨识步骤如下:

注 2:利用安全检查表法将掘进机分为不同的"检查项目",如:保护装置、护栏等;

注 3:对掘进机的检查项目依次进行风险辨识,确定其主要的风险类型,如保护装置→机械伤害,护栏→高空坠落……

注 4:对风险类型对应的风险进行描述,描述需简洁,让现场检查人员容易理解;

注 5:对风险等级进行评估,参考附录 B 风险评估方法对辨识出的风险进行评估,确定其等级。

A.2.2 经验分析法

经验分析法是指以经验知识为依据和手段分析认识事物的一种科学分析方法。该方法需重视发挥集体智慧的作用,利用安全、技术人员的实际工作经验分析风险点存在的危险因素,是对企业安全风险清单的重要补充,经验分析法示例见表 A.4:

表 A.4 经验分析法示例

序号	风险点	危险因素	风险描述	风险类型	风险等级	检查项目	管控措施	责任单位/部门	责任人
1	综(放)采工作面	顶板	工作面回采期间,工作面及上下端头以及超前支护范围段顶板受围岩应力影响,有顶板破碎、下沉、空间不足具有冒顶片帮的风险。	冒顶片帮	较大风险	顶板支架	1. 加强矿压观测及分析。	……	……
							2. 确保支架初撑力符合要求,前梁接实顶板,护帮板贴实煤壁。	……	……
							3. 顶板破碎及煤壁片帮时及时拉移超前支架、打开护帮板。	……	……
2	掘进工作面	煤尘	存在煤尘含量超限导致煤尘爆炸的风险。	煤尘爆炸	重大风险	煤尘浓度、喷雾装置	1. 每班对巷道迎头 30 m 范围进行洒水降尘,每圆班对整个巷道进行洒水降尘。	……	……
							2. 施工锚杆、锚索孔时采用湿式钻眼。	……	……

表 A.4(续)

序号	风险点	危险因素	风险描述	风险类型	风险等级	检查项目	管控措施	责任单位/部门	责任人
3	掘进工作面	瓦斯	存在高冒点瓦斯积聚导致瓦斯爆炸的风险。	瓦斯爆炸	重大风险	高冒点	1. 加强巷道施工质量管理,尽可能保持巷道成型规整。	……	……
							2. 高冒点要采取充填、喷浆等措施,减小高冒空间。	……	……
							3. 高冒点设瓦斯检测牌板,加强日常检查。	……	……
							4. 加强煤尘管理,减少高冒区煤尘聚集。	……	……
4	……	……	……	……	……	……	……	……	……

A.2.3 作业危害分析法

作业危害分析法将作业活动分解为若干连续的工作步骤,识别每个工作步骤的潜在风险,然后通过风险评价判定风险等级,制定管控措施。作业危害分析法示例见表 A.5:

表 A.5 作业危害分析法示例

序号	风险点	危险因素	风险描述	风险类型	风险等级	检查项目	管控措施	责任单位/部门	责任人
1	综掘工作面	综掘割煤作业	存在机械伤害的风险	机械伤害	一般风险	开机前检查	1. 检查各部位螺丝是否紧固齐全,各操作手把、按钮、开关、急停是否灵活、可靠,截齿是否齐全锋利;内外喷雾、各部油位是否符合规定。	……	……
							2. 掘进机开机前,必须撤出掘进机前方所有人员,并在掘进机后方设置警戒,严禁人员进入。	……	……
							3. 在掘进机二运处安装红外线感应器,发现有人进入掘进机自动停机。	……	……

表 A.5(续)

序号	风险点	危险因素	风险描述	风险类型	风险等级	检查项目	管控措施	责任单位/部门	责任人
2	综掘工作面	综掘割煤作业	存在冒顶片帮的风险	冒顶片帮	较大风险	割煤	1. 割煤前，须对迎头顶板及帮部条件进行检查分析，如发现顶、帮破碎及时采取超前支护措施，并短掘短支。	……	……
							2. 割煤过程中，如遇顶板掉顶，帮部片帮及时停机检查，以防顶板大面积冒落。	……	……
							3. 割煤过程中，严格按措施、规程施工，严禁超割造成顶板冒落。	……	……
3	综掘工作面	综掘割煤作业	存在煤尘爆炸、从业人员职业病伤害的风险	煤尘爆炸	重大风险	割煤	1. 必须佩戴合格的防尘、防护眼镜等个人防护用品。	……	……
							2. 落实综合防尘措施。	……	……
4	综掘工作面	综掘割煤作业	存在机械伤害的风险	机械伤害	一般风险	停机后检查	1. 掘进机停机后，隔离开关必须打至零位，并将综掘机总急停进行闭锁，隔离开关手把综掘机司机必须随身携带。	……	……
							2. 掘进机停机后，将掘进机截割头落地，并罩好护罩。	……	……
5	……	……	……	……	……	……	……	……	……

附录 B(资料性)　风险评估方法

B.1　风险矩阵法(LS)

按照风险发生的概率、特征、损害程度等技术指标，由风险发生的可能性和可能造成的损失评定分数，进而确定相应的风险等级，其计算公式是：

$$R = L \times S \tag{B.1}$$

式中　L——危险事件发生可能性；

S——危险事件可能造成的损失。

R——危险事件风险值。

风险矩阵		一般风险（Ⅲ级）	较大风险（Ⅱ级）		重大风险（Ⅰ级）		有效类别	赋值	人员伤害程度及范围
低风险（Ⅳ级）	6	12	18	24	30	36	A	6	多人死亡
	5	10	15	20	25	30	B	5	一人死亡
	4	8	12	16	20	24	C	4	多人受严重伤害
	3	6	9	12	15	18	D	3	一人受严重伤害
	2	4	6	8	10	12	E	2	一人受到伤害，需急救；或多人受到轻微伤害
	1	2	3	4	5	6	F	1	一人受到轻微伤害
	L	K	J	I	H	G	有效类别		
	1	2	3	4	5	6	赋值		
	不可能	很少	低可能	可能发生	能发生	有时发生	发生的可能性		
	估计从不发生	10 年以上可能发生一次	10 年内能发生一次	5 年内可能发生一次	每年可能发生一次	1 年内能发生 10 次或以上	发生可能性的衡量(发生频率)		
	1/100 年	1/40 年	1/10 年	1/5 年	1/1 年	≥10/1 年	发生频率量化		

风险值	风险等级	说明
30--36	Ⅰ级	重大风险
18--25	Ⅱ级	较大风险
9--16	Ⅲ级	一般风险
1--8	Ⅳ级	低风险

图 B.1 风险矩阵法

B.2 作业条件危险性评价法(LEC)

作业条件危险性评价法(LEC)是对与系统风险有关的三种因素按不同等级分别赋值，再以三个分值的乘积来评价作业条件危险性的大小，即：

$$D = L \times E \times C \tag{B.2}$$

式中 L——事故发生的可能性，likelihood；

E——人员暴露于危险环境中的频繁程度，exposure；

C——发生事故可能造成的后果，consequence；

D——危险性，danger。

注：危险性的半定量评价法。值得注意的是，LEC 风险评价法对危险等级的划分，一定程度上凭经验判断，应用时需要考虑其局限性，根据实际情况予以修正。

示例 1：评估“掘进作业，顶板冒落，人员受到伤害”风险：

示例 2：L：可能性，即冒顶的可能性，取值 3(可能，但不经常)；

示例 3：E：暴露频度，取值 6(每天工作时间内暴露)；

示例 4：C：后果，取值 15(1～2 人死亡)；

示例 5：D：风险大小，3×6×15＝270 ；

示例 6：查表 B.5，$160 \leqslant D < 320$，对应较大风险，则："掘进作业，顶板冒落，人员受到伤害"；

示例 7：风险等级为：较大风险。

表 B.2 *L*——事故发生的可能性赋值表

序号	事故发生的可能性	分数值
1	完全可以预料	10
2	相当可能	6
3	可能，但不经常	3
4	可能性小，完全意外	1
5	很不可能，可以设想	0.5
6	极不可能	0.2
7	实际不可能	0.1

表 B.3 *E*——暴露于危险环境的频繁程度赋值表

序号	暴露于危险环境的频繁程度	分数值
1	连续暴露	10
2	每天工作时间内暴露	6
3	每周一次或偶然暴露	3
4	每月一次暴露	2
5	每年几次暴露	1
6	非常罕见暴露	0.5

表 B.4 *C*——发生事故产生的后果赋值表

序号	发生事故产生的后果	分数值
1	10 人以上死亡	100
2	3～9 人死亡	40
3	1～2 人死亡	15
4	严重	7
5	重大，伤残	3
6	引人注意	1

表 B.5　D——风险大小评价分级表

序号	危险程度	D 值
1	重大风险	$D \geqslant 320$
2	较大风险	$160 \leqslant D < 320$
3	一般风险	$70 \leqslant D < 160$
4	低风险	$D < 70$

附录 C
(资料性)
风险管控责任清单样表

单位：

序号	风险点	危险因素	风险类型	风险描述	风险等级	检查项目（作业步骤）	管控措施	责任岗位
1	……	……	……	……	……	……	……	……
2	……	……	……	……	……	……	……	……
3	……	……	……	……	……	……	……	……
4	……	……	……	……	……	……	……	……
5	……	……	……	……	……	……	……	……
6	……	……	……	……	……	……	……	……

附录 D
(资料性)
隐患认定标准数据库示例

序号	隐患内容	等级	专业	类型	认定依据
1	从业人员未进行安全教育和培训或培训不合格，上岗作业。	一般隐患 C 级	安全管理	其他	《煤矿安全规程》
2	主扇风机备用风机起不到备用作用的。	一般隐患 A 级	机电	机电	《煤矿安全规程》
3	瓦斯检查存在漏检、假检情况且进行作业的。	重大事故隐患	通防	瓦斯	《煤矿安全生产条例》

续表

序号	隐患内容	等级	专业	类型	认定依据
4	巷道严重失修，进回风巷道断面不足而未及时处理的。	一般隐患 B 级	采煤	顶板	《煤矿安全规程》
5	无轨胶轮车照明灯、信号灯不完好的。	一般隐患 C 级	运输	运输	《煤矿安全规程》
6	违反《煤矿安全规程》规定采用串联通风的。	重大事故隐患	通防	通风	《煤矿安全生产条例》
7	……	……	……	……	……

注 1：隐患内容：具体的隐患描述。

注 2：隐患等级：按照隐患判定标准，结合企业实际，确定的隐患等级。

注 3：隐患等级分为重大事故隐患和一般隐患，一般隐患又细分为 A、B、C、D 四个级别。

附录 E
（资料性）
隐患台账样表

序号	排查日期	排查类型	排查人	隐患地点	隐患描述	专业	隐患等级	治理措施	责任单位	责任人	治理期限	督办单位	督办人	验收人	销号日期
1															
2															
3															
4															
5															
6															
7															
8															
9															

附录 F
（资料性）
不安全行为标准数据库样表

序号	不安全行为类别	不安全行为内容	不安全行为等级	认定依据	处置措施
1	……	……	……	……	……
2	……	……	……	……	……
3	……	……	……	……	……
4	……	……	……	……	……

注 1：不安全行为类别：违章指挥、违章作业、违反劳动纪律、其他。

注 2：不安全行为内容：具体的行为描述。

注 3：不安全行为等级：严重不安全行为、一般不安全行为。

注 4：认定依据：触犯的依据文件及条目。

注 5：处置措施：指对该不安全行为应该如何进行管理，如学习帮教、培训、考试、书面承诺等，结合各矿工作实际制定。

附录 G
（资料性）
不安全行为台账样表

序号	时间	地点	姓名	所在单位	描述	类别	专业	级别	主要原因	认定依据	处置措施	查处单位	制止人
1													
2													
3													
4													

附录 H
(规范性)
重大风险直接认定情形

煤矿重大风险除按照评估方法结合煤矿实际情况自行确定外，有下列情形之一的，应直接判定为重大风险，如表 H.1 所示。

表 H.1 重大风险直接认定情形示例

序号	风险类型	重大风险直接认定情形
1	瓦斯	高瓦斯及突出矿井，或需要抽采的低瓦斯矿井，相应影响区域的瓦斯风险
		在容易自燃煤层、自燃煤层采用放顶煤开采工艺生产所造成的风险
2	煤尘	开采煤层有煤尘爆炸危险性的矿井，相应影响区域的煤尘爆炸风险
3	火灾	煤层自燃及容易自燃区域的风险
4	水灾	水文地质条件复杂及以上，或奥灰突水系数≥0.06 的矿井，相应影响区域的水灾风险
		采(古)空区积水≥30 万 m^3 的矿井，相应影响区域的水灾风险
		采空区积水＜20 万 m^3 但开采煤层上距采(古)空区间距＜15 倍采高的矿井，相应影响区域的水灾风险
		开采区域地表存在河流、湖泊等水体，且开采煤层上距地表水体间距＜15 倍采高的矿井，相应影响区域的水灾风险
		同一煤层中存在采空区积水标高高于开采煤层底板标高的矿井，相应影响区域的水灾风险
		井筒标高低于 100 年一遇洪水位(含工业场地上游水库溃坝后洪水位)标高的矿井或露天矿的水灾风险
5	运输提升	立井提升未使用标准罐笼升降人员的矿井的提升风险
		开拓巷道采用电机车运输且煤层有煤尘爆炸性危险矿井的运输风险
6	顶板	初采初放的风险
7	煤尘	在具有煤尘爆炸危险的采煤工作面进行放炮作业的风险
8	冲击地压	冲击地压危险区域的风险

参考文献

[1] GB/T 24353—2022　风险管理指南
[2] GBZ/T 229—2012　工作场所职业病危害作业分级
[3] GB/T 45001—2020　职业健康安全管理体系要求及使用指南
[4] GB/T 27921—2023　风险管理 风险评估技术
[5]《中华人民共和国安全生产法》（中华人民共和国第88号主席令）
[6]《国务院关于预防煤矿生产安全事故的特别规定》（国务院令第446号）
[7]《煤矿安全生产条例》（国务院令第774号）
[8]《安全生产事故隐患排查治理暂行规定》（国家安全生产监督管理总局令第16号）
[9]《煤矿重大事故隐患判定标准》（应急管理部令第4号）
[10]《煤矿安全规程》
[11]《职业病危害因素分类目录》（国卫疾控发〔2015〕92号）
[12]《关于实施遏制重特大事故工作指南构建双重预防机制的意见》（安委办〔2016〕11号）
[13]《国家矿山安全监察局关于加强煤矿隐蔽致灾因素普查治理工作的通知》（矿安〔2022〕132号）
[14]《国家矿山安全监察局关于印发煤矿双重预防系统数据接入细则（试行）的通知》（矿安〔2023〕123号）
[15]《煤矿单班入井（坑）作业人数限员规定（试行）》（矿安〔2023〕129号）
[16]《煤矿安全生产标准化管理体系基本要求及评分方法（试行）》（煤安监行管〔2020〕16号）
[17]《关于印发总局机关生产安全较大以上事故和较大涉险事故信息处置办法的通知》（安监总厅统计〔2009〕119号）
[18]《煤矿双重预防系统数据接入细则（试行）》（矿安〔2023〕123号）

李爽教授团队双重预防机制系列成果

1. 2010 年,《煤矿安全文化的研究与思考》,中国矿业大学出版社

2. 2012 年,《我国煤矿安全文化系统研究》,中国矿业大学出版社

3. 2018 年,《煤矿安全双重预防机制建设实施指南》,煤炭工业出版社

4. 2019 年,《山东省煤矿安全双重预防机制建设》,中国矿业大学出版社

5. 2020 年,《〈煤矿安全生产标准化管理体系基本要求及评分方法(试行)〉专家解读》,中国矿业大学出版社

6. 2020 年,《〈山西省煤矿安全风险分级管控和隐患排查治理双重预防机制实施指南〉解读及案例指导》,中国矿业大学出版社

7. 2021 年,《煤矿安全风险智能防控体系与应用》,中国矿业大学出版社

8. 2021 年,《煤矿安全生产标准化与管理体系变化对照解读》,中国矿业大学出版社

9. 2021 年,《生产经营单位安全双重预防机制理论与实施》,中国矿业大学出版社

10. 2023 年,《安全双重预防机制百问百答》,中国矿业大学出版社

11. 2023 年,《基于文本挖掘的煤矿安全风险识别与评价研究》,中国矿业大学出版社

12. 2025 年,《陕西省煤矿安全双重预防机制建设运行实施指南》,中国矿业大学出版社